住宅設計
收納學

徹底解析空間使用行為，從格局、
動線、尺寸、形式突破坪數侷限

漂亮家居編輯部

Contents

Ch1 收納空間考量與規劃

Part 1 收納準則

圖片提供＿SOAR Design 合風蒼飛設計 × 張育睿建築師事務所

圖片提供＿十幸制作

Ch2 住宅各區收納設計

圖片提供＿大見室所　　　　　　圖片提供＿吾隅設

Ch3收納設計形式

圖片提供＿大見室所　　　　圖片提供＿王采元工作室

專業諮詢設計公司

FUGE GROUP 馥閣設計集團

E-mail：hello@fuge-group.com
網址：fuge.tw

王采元工作室

E-mail：consult@yuan-gallery.com
網址：yuan-gallery.com

十幸制作

E-mail：10thing.design@gmail.com
網址：truething.design

吾隅設計

E-mail：wuyu_design@163.com
微信公眾號：吾隅設計

素樂研舍空間設計

好好住：素樂研舍空間設計
網址：https://lihi1.com/4pSww

禾邸設計

E-mail：id@idhoddi.com
網址：idhoddi.com

潤澤明亮設計事務所

E-mail：liang@liang-design.net
網址：liang-design.net

璞沃空間

E-mail：rogerr1130@gmail.com
網址：purospace.com

日作空間設計

E-mail：rezowork@gmail.com
網址：rezo.com.tw

宅即変空間微整型

電話：02-2546-8585
網址：jai-design.com

大見室所

E-mail：bigsense55@gmail.com
網址：bigsensedesign.com

和和設計

E-mail：kayi.hohodesign@gmail.com
網址：hoho-interior.com

非關設計

E-mail：royhong9@gmail.com
網址：royhong.com

湜湜空間設計

E-mail：hello@shih-shih.com
網址：shih-shih.com

澄橙設計

E-mail：chen2design.bruce@gmail.com
網址：chen2design.com

懷特設計

E-mail：lin@white-intcrior.com
網址：white-interior.com

收納空間考量與規劃

PART 1 收納準則

Rule 1 ▶ 了解自己（業主）需要的收納方式

收納其實跟生理條件（身高、慣用手、體況）以及個性（急性子／慢郎中、重視細節／大而化之、習慣梳理輕重緩急／先到先處理）高度相關，舉慣用手為例，若業主是左撇子，櫃體的開闔方向、形式都會影響是否好用順手。建議可藉由細密的需求表單，同時請業主觀察自己一天的行為模式，就能充分掌握所需要的收納。以設計師王采元提供的業主需求單為例。

📝 王采元工作室的業主需求單

對應各空間的使用需求：

一、玄關：請看看目前大門附近放在地上、椅背上、檯面上、桌面上的物品，那些就是需要收在玄關的東西。

· 需不需要放外套？件數？需要設置紫外線燈消毒嗎？

· 需不需要放包包？數量？

· 雨傘習慣的收法？會晾乾再收嗎？集中收在玄關還是各自放在包包裡？摺傘多還是直傘多？

· 鞋子全部的數量（請誠實）？男　　雙／女　　雙／小孩　　雙

· 需不需要放零錢跟鑰匙？需不需要放藥品？信件？統一發票？

· 需要放幾頂安全帽？需要放菜籃車？嬰兒推車？球具？或其他特別想放在玄關區域的物品？

· 會需要物品暫放區嗎？（一回家有地方可以暫放物品，有空再慢慢歸位）若有，通常主要的暫放物件種類與數量

二、客廳：若空間有限，客餐廳可以接受合併、彈性使用嗎？

· 理想的樣貌？想要全家人一起在客廳進行什麼活動呢？

· 一定要沙發嗎？可以接受有收納功能的座椅平台嗎？一定要沙發的話，有偏好皮沙發或布沙發？

· 一定要電視嗎？可以接受不放電視以投影機來替代嗎？

· 父母自己習慣常看電視嗎？會希望孩子不要養成依賴電視或 3C 的習慣嗎？

· 如果一定要電視，有指定大小嗎？電視可以跟主書架合一嗎？電視需要拉門彈性可關嗎？

· 客廳主要收納：

  1. 書量：以 100×200 公分的書架來估，目前的書量有幾架？

  2. 小展示品：種類、想要的展示方式、數量

  3. CD 或 DVD 數量

  4. 音響需求：講不講究？以後會不會想研究（可預留）？偏好聽音樂或是看電影？簡單就好（sound bar？）或是整套家庭劇院（5.1／7.1／9.1／11.1）

  5. 特殊興趣：黑膠、腳踏車、攝影作品、畫作、陶瓷器展示、明信片、相簿、磁鐵

資料提供＿王采元工作室

第一步，先從理解 **10** 個收納準則開始，將收納設計緊扣使用者的模式與行為，同時釐清習慣收納方式，才能真正貼近他們的需求。

三、餐廳：

· 有哪些電器或設備想放在靠近餐廳的區域？比如飯鍋、熱水瓶、冷水瓶、電陶爐、咖啡機、酒櫃、飲料專用小冰箱、飲料包集中處

· 想不想要一張大餐桌全家一起閱讀或工作？

· 經常是幾人用餐？

· 需不需要零食櫃？零食櫃是要靠近餐廳還是客廳？

· 餐桌有沒有特別偏好的材質？

· 熱鍋墊、杯墊、餐墊有沒有使用？會不會特別多？

四、廚房：可以接受開放式廚房？分熱炒區跟輕食區的功能性廚房？傳統封閉式廚房？

· 做菜頻率？一週下廚幾餐？

· 廚房工作有無分工？需不需要考慮親子共同工作？主要備餐維護清潔者？

· 有沒有區分生熟食？刀具數量、分類？砧板數量、分類？抹布數量、分類？

· 水槽希望幾個？偏好大單槽？大小槽？在不在意水槽刮痕？平常清潔習慣與頻率？

· 做菜習慣：

　1. 一餐備餐時間平均多久？

　2. 一邊做菜一邊收拾？還是全部做完菜再一起收拾？

　3. 主要以炒菜鍋為主？還是善用各種電器設備同時備餐？

　4. 偏中式大火快炒？蒸煮為多？還是西式為主？會不會做甜點、蛋糕、餅乾？

　5. 習慣用調味拉籃嗎？做菜時習慣把可能會用的調味料一次都拿出來？還是隨手用、隨手拿、隨手收？

　6. 習慣用哪一手打開調味拉籃？哪一手撒調味料？

· 器具與設備：

　1. 瓦斯爐或電爐？需要幾口爐？

　2. 家中的電器設備：

抽油煙機、冰箱（日系、美系或獨立冷凍冷藏雙門冰箱）、食物料理機、水波爐、萬用鍋、兩個電鍋、蒸爐、烤箱、洗碗機、烘碗機、果汁機、豆漿機、麵包機、刨冰機、冰淇淋機、烤麵包機、攪拌機、製麵機、切肉機等

　3. 鍋具數量（漂亮的鑄鐵鍋數量要另外提供）

　4. 碗、盤、杯數量特別多嗎？需不需要展示？愛不愛買？

　（有時目前不愛買是因為沒空間或沒心情，但其實喜歡逛也會想買，需要斟酌環境改變後的可能性）

　5. 有沒有特別愛選購蒐藏的餐具？烘焙器具？

　6. 環保餐盒多不多？環保袋、回收塑膠袋是想收在廚房還是玄關？

· 食材購買與蒐藏習慣：

　1. 食材習慣全部放冰箱嗎？

　2. 愛不愛買乾貨？哪幾類乾貨？收納區需要控制濕度嗎？

資料提供__王采元工作室

3. 會不會囤喜愛的調味料？（比如偏愛的醬油一次買整箱？或是各種不同的醬油常備 15 種？）

4. 會習慣自製梅酒、泡菜、芒果青或其他釀造醃漬物嗎？

· 其他特別的習慣？（比如有客人專用的整套碗盤，需有特別的備餐檯放置）

五、書房：可接受開放式書房？

· 主要使用者

· 桌面尺寸特殊需求：比如需要特別寬、特別深、或是站著工作所以要特別高

· 書房需要的設備與數量：桌機（若是 mac 要註明）、筆電、螢幕、事務機

· 辦公或閱讀的習慣會不會需要堆書或臨時置放文件平台

· 收納物件需求與數量：文具？A4 活頁資料夾？書？

六、臥房：主要更衣與睡眠

· 睡覺：

1. 有無睡前儀式？特殊宗教信仰物件，如聖經？

2. 睡前習慣？看書？看手機？睡前聊天？

3. 需要床邊燈跟插座？

4. 有無過敏，需放衛生紙與垃圾桶？

5. 是否堅持一定要雙邊上床？可否接受單邊上床？或從床尾上床？

6. 對聲音、光線是否敏感？

7. 好不好入睡？

8. 是否很容易驚醒？深眠淺眠？

9. 半夜有沒有習慣上廁所？

· 化妝與保養：

1. 習慣站著化妝？坐著化妝？

2. 化妝保養總共多少瓶罐？習慣一次準備多少備品量？

3. 習慣臉靠鏡子很近，還是喜歡可以伸縮的鏡子？或需要放大鏡嗎？

4. 化妝保養一次多久時間？

5. 是習慣化好妝再去選衣服？還是選好衣服再化妝？甚至是不是出門前一刻才趕著化妝？

6. 收拾習慣好嗎？會不會總是來不及收拾，桌上滿滿都是用完沒收的瓶罐？

7. 習慣在廁所保養化妝還是在更衣間附近的化妝櫃／桌？

8. 飾品收納與數量：項鍊、手鍊、耳環、手錶、髮飾、髮簪

· 衣物收納：

1. 主要衣物收納擔當者是誰？

2. 使用者個別衣服數量，以 100×200 公分的衣櫃來估各需要幾櫃？（含換季，務必誠實）

3. 羽絨外套、長外套數量？

4. 收納習慣用掛的？摺的？捲的？

5. 喜歡拉籃（一目了然但會進灰塵）或抽屜（密閉性高但看不到內容物）

6. 可以接受特殊收納設計的衣櫃嗎？還是喜歡用通用方式收納衣物？

7. 收納衣服會依種類？顏色？厚薄？款式？來分類嗎？

8. 褲子習慣用掛褲架嗎？還是用折的？

9. 有沒有需要特別收納的衣服，比如只能攤平放置的布料、需要控制濕度的皮衣皮褲？

10. 有沒有特殊的蒐藏？袖扣？領帶？領結？圍巾？絲巾？錶帶？

· 汙衣櫃（收納穿過但不髒的衣物）：

1. 平均需要的衣物件數

2. 上衣跟下身需要分開嗎？

3. 會想要設置在玄關還是臥房？

4. 有因工作而需獨立收納處理的衣物嗎？

資料提供__王采元工作室

5. 需要設置紫外線燈消毒嗎？

· 其他特殊需求、習慣？會想在臥房從事的活動？比如睡前伸展？皮拉提斯？瑜伽？抬腿？

七、浴室

· 需要幾間浴室？

· 使用者個別洗澡、使用廁所平均需要的時間？

· 希望馬桶可獨立分隔使用嗎？

· 會不想要乾濕分離嗎？

· 設備：面盆偏好、龍頭需不需要控溫？馬桶、免治馬桶座、五合一、浴缸（材質、要不要加蓋）、淋浴龍頭（要不要控溫？花灑？）、洗鼻機、電動牙刷

· 用品收納數量：需要鏡箱？浴櫃？書架？收納架？清潔用具櫃？

· 經常性使用的毛巾數量？大浴巾或毛巾？擦手巾？

· 沐浴習慣會需要座椅嗎？

· 需要考慮無障礙嗎？

· 要考慮兩人以上同時使用淋浴間嗎？

八、後陽台

· 需要放洗槽？

· 收納所有清潔用品、洗衣精等用品？

· 設備：幾台洗衣機？烘衣機（瓦斯或電？）

· 洗衣習慣：

　1. 一週洗幾次衣服？

　2. 洗衣會分深淺色？浴巾／毛巾獨立洗？小孩跟大人衣物分開？大人內衣跟外衣分開？褲子分開？襪子需要獨立洗？

　3. 地墊或鞋子會進洗衣機洗嗎？

· 曬衣習慣：

　1. 曬衣服嗎？還是全部烘乾為主？

　2. 是拿一件曬一件不分類？還是會分類曬衣服？

　3. 室內外衣架分不分？是會直接從室外收進衣櫃？還是會讓室外衣架留在室外，收進屋內再換衣櫃用衣架？

九、收納：

· 偏好分區收納或儲藏室？

　1. 擅不擅長分類？

　2. 習慣隨手歸位嗎？

　3. 會善用標籤輔助記憶嗎？

　4. 會常常找不到東西嗎？

　5. 偏好抽屜或開放架？

· 設備尺寸與數量列表：掃地機器人、壁掛式吸塵器、防潮箱、保險箱、工具箱、電動工具、合梯、腳踏車、電風扇、空氣清淨機、除濕機、移動式電暖器、煤油爐、露營設備、紅外線燈、按摩椅、按摩床、健身器材

　· 行李箱：

　　1. 大小與數量

　　2. 使用頻率

　　3. 行李箱裡習慣清空嗎？

　　4. 會需要直接拉到定位收納還是可以放到高處？

　　5. 可以接受大小合一還是都要獨立放？

　　6. 會在意刮到或摩擦嗎？

　　7. 會需要除濕嗎？

　· 特殊嗜好的設備列表：比如唱 KTV、金工、手作、多肉植物、集郵、拼圖、火車模型、縫紉、雕刻、電競設備、音響室、登山設備

資料提供＿王采元工作室

Tip 1　一日生活觀察，確認居家所需收納表格

很多人對於需要哪些收納常常摸不著頭緒，擅長收納的設計師王采元認為，生活的每一個行為其實串聯收納與使用動線，不妨有意識地對自己進行觀察，從起床到睡覺的一天當中，包含了哪些行為？例如習慣睡前使用手機或看書的人，床邊平台對他而言是有意義的，但如果上床就是睡覺，也不想要在床邊放置手機，就無須床邊櫃。有些人習慣一進家門就要換鞋、脫衣服，此時就能在玄關設置外衣櫃與鞋櫃。

Tip 2　身高、慣用手、體況決定收納形式

單是身高就能限制收納高度的使用，甚至是有些人手力很小，這時候就可能需要搭配特殊五金，若腰背不好的人，太低矮的高度也不好使用，更細微還包括站立或坐著化妝，站立化妝較適合規劃化妝櫃，若習慣坐著化妝，開放式層架或是抽屜反而才好使用。

攝影＿汪德範 圖片提供＿王采元工作室

Tip 3　幫物品安排固定收納位置

這種方式可稱為分區收納，但設計師王采元提醒，關鍵在於一定要非常熟悉業主的私人習慣與物品的重量、大小、使用頻率與方式，才能去設想出「最順手」的位置。同時她也建議分區收納避免分得太細、太嚴格，只要想好這個區域需要放置哪些物品，以及方便歸位的設計。

✕ NG　未考量業主使用習慣

收納是非常個人化的行為，每個人也有偏好的整理方式，譬如有些人喜歡衣服用掛的，有些習慣用摺的，或是哪種衣物種類特別多？像是女生有長洋裝或是長大衣款式，若這類數量較多也需要設想好掛衣桿的高度，了解得越詳細，才能做出真正符合業主需求的收納。

攝影＿王采元 圖片提供＿王采元工作室

攝影＿王采元　圖片提供＿王采元工作室　　　　攝影＿汪德範　圖片提供＿王采元工作室

Rule 2 ▶ 符合業主日常家事流程與需求

設計師王采元多年觀察下來，每個人會因個性差異導致家務流程習慣不同，例如有些人煮飯時會把所有調味罐都先拿出來等用完再放回去，有些則是調味罐少、但希望能直接收納於層架上好拿取，這些收納往往與生活動線、行為產生緊密連結，建議先了解業主潛在的傾向、分析業主在意的細節，才能針對特性設計。

Tip 1　以方便取用的收納最理想

無法好好收納的常見原因不外乎是「拿東西、放回去好麻煩」，特別是有一些嗜好或習慣最好在規劃之初就先提出討論，例如近期的露營風潮，各種裝備得考量外出好拿、返家清潔又能好收，甚至有些人習慣在客廳吹整頭髮、外出前一刻才化妝，客廳收納反而要思考坐在哪個位置使用吹風機、玄關直接配置化妝櫃，整裝完畢就能立刻出門，越貼近生活型態越能維持整齊。

攝影＿林以強　圖片提供＿王采元工作室

了解業主習慣坐在客廳吹頭髮，設計師於沙發旁規劃吹風機專屬收納盒，同時也要預留插座線路，業主使用時直接整組拿出、用完順手歸位，十分方便。

攝影＿王采元 圖片提供＿王采元工作室

針對養狗狗的居家空間，設計師王采元特別在玄關空間設計狗狗洗腳池，左邊白色立面內更隱藏儲藏間衣帽櫃，可收納狗狗各種用具與推車，懸空鞋櫃最右側的掛桿還能收納遛狗掛繩、雨傘。

Tip 2　以進門主動線配置收納

想像一下回家後的行為包含哪些？通常是脫鞋、放置包包或採購的物品、鑰匙，個性急促的業主多半希望快速整理，讓每件東西歸位，此時建議依著動線配置各個物品所需收納，若屬於偏好慢慢整理型的業主，可利用儲藏間、中島檯面設計等作法，讓業主將隨身包包或物品暫放在不容易看見的位置或角落。

Rule 3 ▶ 讓必要收納成為裝飾

設計師王采元認為，純裝飾在於住宅空間是最枝微末節的
做法，不妨直接讓必要的收納設計結合裝飾，利用比例分
割，讓收納櫃體本身即具備美感，這部分有點接近現代建
築所強調的：結構本身就是美感，例如必須要規劃的結構
支撐，可融入線條造型設計，既好看又實用；甚至是將天
花板維修孔處理成圓形語彙。不過設計師王采元也補充，
想要美感與實用兼具，從設計到執行都較為費工，設計初
期同時要考量機能使用、五金或是結構等細節。

攝影＿＿汪德範　圖片提供＿＿王采元工作室

玄關收納櫃門片所設計的圓
洞，除了是立面造型之外，
還能直接放置零錢、鑰匙，
圓洞內所對應的就是其中一
個抽盤。

介於客廳、廚房之間的三角量體，不單單是呼應全室立面設計「陸上行舟」，實質上更是功能強大的儲物間，行李箱、電器、衛生紙等大件備品都能被妥善歸位。側邊弧形小屋造型則可陳列業主蒐藏的琉璃飾品，同時為三角量體增添視覺變化。

Rule 4 ▶ 展示型收納

在設計空間時，應先了解業主是否有蒐藏物品的喜好，通常會依其個性來規劃展示蒐藏品的空間，這也被視為個人特色的「出口」，例如在客廳、餐廳等公共區域展示蒐藏品，屬於熱情性格；喜歡在臥室，甚至是獨立馬桶間，設計小部分的展示區，屬於重隱私的性格，因此在設計展示型的收納空間時，不要被場域所侷限，因現今的空間邊界已模糊化，餐廳不再侷限於用餐，故展示模型、辦公當然也能在此完成。

圖片提供＿吾隅設計

喜歡閱讀、藏書多的業主，書櫃也可同時視為展示空間，一方面能將空間與屋主連結，一方面也便於直接拿取。

✕ NG 為了美觀未考量實用性

在坪數不足的大前提下，為了美觀造型犧牲收納量與實用性的書架與櫥櫃、業主的展示需求量很少，但卻為了空間效果設計整面的造型展示櫃。

Tip 1　業主與空間的連結

業主若有蒐藏物品的興趣，應配合業主熟悉的空間與個性做展示型收納，使他與居所有更多關聯和意義，但若沒有興趣藏品的喜好，不建議做展示型收納，否則便成為多餘的設計。

Tip 2　找出專屬蒐藏品的家

舉例來說，有些人會蒐藏世界各地的城市馬克杯，但若將馬克杯展示在臥室會顯得突兀，這類實用性的蒐藏品，更適合出現在餐廚等便於使用的公共空間。

Tip 3　設計限制

展示型收納適合像是旅遊經歷豐富，或是有特別喜好的業主，透過一部分的區域來展現個人特質，但應考量業主是否勤於打理、有無擺放美感，甚至家庭成員是否贊同、有無寵物的限制等。

Rule 5 ▶ 隱藏型收納

隱藏型收納的特點就是功能性強、非常便利,能讓整體空間看起來更有一致性,提高居住舒適感。舉例來說,玄關櫃結合汙衣櫃,加裝抽拉式伸縮衣架就能懸掛外出回來的衣物,不用費心思考該放哪裡。至於隱藏型收納的設計適合哪些區域?其實沒有特別界定,只要匹配業主的需求,任何空間都能出現,但規劃前應先了解家庭成員需要放置的物品,依其需要分割櫃體內部、添加周邊掛件產品,或是使用籃子來增加收納的靈活度,使櫃體功能與整體空間更貼近業主需求。

圖片提供＿吾隅設計

圖片提供＿吾隅設計

若是空間足夠,也可做暗室類的隱藏型收納,但因為涉及五金、配電等裝置,預算也會增加。

圖片提供＿吾隅設計

Tip 1　考量地板或天花板能否收納

在樓高允許的情況下，如 5 ～ 6 米左右的樓中樓或中小坪數房型，適合抬高 30 公分的地面做收納；但天花板嵌入收納櫃，反而不推薦，因樓高不足，會讓人有壓迫感，居住體驗將大打折扣。

Tip 2　考量預算是否足夠

若想在居住空間加入隱藏型收納，必須考量預算會變高，因為隱藏型收納的功能性較強，常會涉及到五金、配電設備等相關裝置，因此費用也會隨著業主的需求而疊加。

圖片提供＿吾隅設計

圖片提供＿吾隅設計

Rule 6 ▶ 利用高密度收納增加使用面積

居家空間在安排收納上，可考量場域的性質，並盤點相關的日常物件是屬於常用、備用還是珍藏性質。在高密度整面式櫃體的設計上，就能從高度、是否需門片造型來判斷設計方式，例如平時較少拿取、特殊情況才會用到物件可以擺放在高處；面積小、比較零散的資料性質可收納在有門片的櫃子裡，避免視覺凌亂感；書籍或藝術品等具蒐藏與美感外觀性質的物件，可大方展示在空間中，強化室內裝修美感與強調屋主獨特風格。

圖片提供__宅即變空間微整型

屋主擁有大量藏書，加上此區具餐廳與書房功能，平時作為家人的共讀桌。因此打造高密度收納量的書牆設計，兼具收納且方便閱讀。

Tip 1 書房臥榻區打造書牆

櫃體以頂天設計，且利用通風的格柵門扇隱藏網路設備，維修時才需打開。下方書櫃作為收納書籍，方便閱讀時拿取；較少使用、零散的資料與文件類，則收納在封閉式門片裡。

✕ NG 展示物件風格不一致，造成視覺凌亂感

如果想展示的物件，在顏色、形狀等美感上缺乏一致性，為避免視覺凌亂感，展示櫃盡量不安排在空間主要面，可規劃在居家空間裡的隱性場域為主。若想要利用電視牆面的深度置入收納，盡可能透過封閉面片形式的收納來展現，不僅創造空間留白、視覺能夠喘息，還可營造空間的整潔感。

圖片提供__宅即變空間微整型

圖片提供＿宅即變空間微整型

Tip 2　電視牆結合收納櫃

電視牆結合收納機能，利用樑下約 2 米 7 的深度打造書櫃。不常閱讀
的書籍安排在最上層，結合梯子設計可方便拿取；下方利用門片作為
雜物櫃，可就近拿取使用。開放與封閉門片的切割比例，加上開放視
覺安排，有助於客廳空間延伸、放大。

Tip 3　休憩區收納可兼具美學展示

整面櫃要兼具美觀與實用，要整併門片式收納與開放展示區。此空間
是臥室一出來的多功能區，利用牆面寬度設計橫型的展示櫃，兼具機
能與美感，可收納書籍與公仔為主；門片內擺放不常使用的紀念品、
盒裝等雜物。

圖片提供＿宅即變空間微整型

Rule 7 ▶ 活用現成物件增加收納空間

收納除了交給收納櫃之外，其實也可以善用周遭生活物件，比如掛鉤可以吊掛雨傘、壁貼式橫桿的縫隙可以收納拖鞋、長尾夾可以將傳單、信件等收納在一起。至於這些小物要如何相容在空間，可以視空間狀況而定。如果空間較小，或許可以直接和壁面做結合，擴充小空間的運用性；如果有規劃收納櫃，則可以和櫃體做結合，增添收納櫃的利用價值。其實網路上可買到許多現成物件都能利用，像是洗衣機與烘衣機旁的小細縫，可依據尺寸找合適收納櫃置入，不僅好看又耐用。

圖片提供__素樂研舍空間設計

陽台洗衣機的收納規劃，設計師特意尋找能夠塞進洗衣機、烘乾機兩側的收納櫃與水槽。因為洗衣機大小是確定的，只要找能吻合兩側大小的櫃體塞進去即可。

Rule 8 ▶ 選擇規格統一的收納用品

當室內空間的坪數有限時，每道牆都顯得很珍貴，此時可利用收納機能的規劃，讓空間不浪費、提升坪效。利用書房區主牆訂製開放鐵件櫃體，可搭配板材輕、薄的 IKEA 單品，創造活潑、靈活的視覺美感，具高 CP 值的優勢。因下方抽屜櫃體較重，透過鐵件鎖扣實體牆，以 90 公分寬度的跨距支撐櫃體，非常穩固；陳列書籍的層板厚度上，有別於一般 1.8 公分，加厚至 2.5 公分，櫃體中間以鐵件支撐，展現良好支撐性。

圖片提供＿宅即變空間微整型

圖片提供＿宅即變空間微整型

除了上方櫃體收納書籍，座位右側還規劃 6 個抽屜，適合放文具、文件類型的物件；下方櫃體採懸空設計，方便日常清潔打掃。

Rule 9 ▶ 運用複合式收納技巧

當室內坪數有限，如何爭取更大的收納量，並破除狹窄空間的壓迫感，轉以創造寬敞、開闊的放大空間感。此時，除了利用開放式規劃之外，還可利用高度與畸零空間，置入收納機能的配置；像是梯下空間規劃儲物櫃，同時作為廚房與書房的隔間；書房內側的小空間，也能規劃臨時衣帽間與儲藏室，若能延伸至天花高度，還可打造櫃體強化收納需求。

圖片提供＿宅即變空間微整型

不到 30 坪的室內，利用梯下空間打造收納機能，不僅強化收納，還可避免公領域打造太多的櫃體設計，造成壓迫感。

Tip 1　整合樓梯、隔間與收納機能

此案坪數不大，樓梯寬度沒有很寬，樓梯下方的鏤空層板區規劃儲物櫃，適合放瑜伽墊、啞鈴等運動器材；利用樓梯中下方 70 公分深度的完整區塊，規劃收納行李箱，同時還界定外側開放廚房與內側書房區。

圖片提供＿宅即變空間微整型

圖片提供＿宅即變空間微整型

Tip 2 **開放書房結合儲物衣帽間**

在書房旁的內側空間，利用雙開玻璃拉門隔出約 1 坪的儲藏空間，提供屋主回家後，能夠掛放外出時穿過的外套、包包；層板區可收納行李箱。如果有客人拜訪，可拉上門片，維持居家場域的美觀。

Tip 3 **轉化畸零空間為收納機能**

空間坪數雖有限，卻擁有 3 米 6 的挑高夾層，於是利用空間的高度優勢，以及較少留意卻擁有 110 公分深度的角落，下方打造儲物空間。疫情期間，儲物櫃下方規劃存放米、水或是酒精等防疫的生活備品；比較容易拿取的上方櫃體，則收納書籍。

圖片提供＿宅即變空間微整型

Rule 10 ▶ 決定各區域收納方式

建議可利用業主提供的實際物件數量、重量、尺寸與取用時機、頻率，來安排收納位置與方式，再稍微多抓一點量，以符合未來增加物件使用，但設計師王采元也提醒，假設坪數不大，業主也必須懂得斷捨離，同時思考自己對於收納物品輕重緩急的排序。除此，假若業主專注於某個嗜好，例如手作控或是熱愛烘焙下廚，應先了解業主習慣的操作流程，將每個設計緊扣使用模式與行為，才能真正貼近他們需要的收納。

攝影__汪德範　圖片提供__王采元工作室　　　　攝影__汪德範　圖片提供__王采元工作室

（左）藏身在廚房旁的乾貨收納間，是為了熱愛各種料理烹飪的男主人特別規劃，側拉櫥櫃以便能一目了然查找、歸位。（右）依據女主人製作縫紉流程去安排每一個物品的收納，櫃子內預留工業熨斗的掛桿和電源，兩個小抽屜可以放置工作需要的小配件，整座櫃子展開還能變成燙板，燙好布料再將後方可以彈性拉出的延伸平台打開，就能完全攤開布料以便進行下一步驟。

PART 2

從格局規劃

Rule 1 ▶ 重劃格局規劃收納

50 坪房子住一家三口聽起來理應綽綽有餘，然而分割不當的格局配置，既無法滿足男主人烹飪使用、女主人喜愛的各式手作收納，重新依據男女主人需求作整頓之後，男主人獲得一間擁有濕度控制的乾貨儲藏間，而女主人龐大的材料與各種工具，不但有了適得其所的收納空間，更重要的是拿取使用完全照著縫紉流程安排位置，所以每次用完都能順手回到原位，讓家隨時都能保持整齊樣貌。

攝影＿＿汪德範　圖片提供＿＿王采元工作室

長向空間規劃為公共場域，主空間包含客廳、用餐、手作、運動等功能，左側白色大收納櫃體內囊括手作所需的吊掛式工業熨斗、可折疊熨燙板，以及瑜伽球、拳擊手套、槓鈴架等運動用品。

先訂出家中核心活動區，讓房間圍繞著核心區域安排格局動線，面對不能變動的結構樑柱與畸零空間，將收納與隔間牆整合在一起，結合動線與機能性收納，打造清爽整潔的住宅。

AFTER

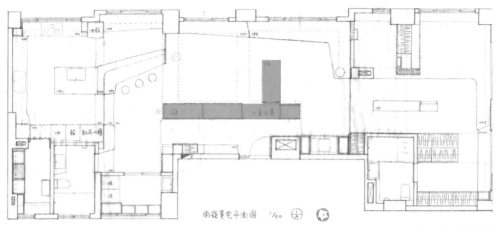

將狹長屋型限制逆轉為特色，所有隔間皆為活動隔件，左側 2 ／ 3 為公共空間，右側 1 ／ 3 屬於私密臥鋪區，但平常臥房部分可全部開放，東西向連貫之後通風對流變好，公共空間的連續大窗又能帶來充沛採光。

BEFORE

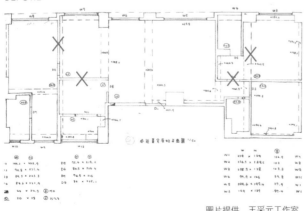

雖然房子有 50 坪大，但是狹長的屋型被走道和房間劃分成一間間的格局，陰暗且不通風，廚房空間太小也無法滿足熱愛烹飪的男主人使用。

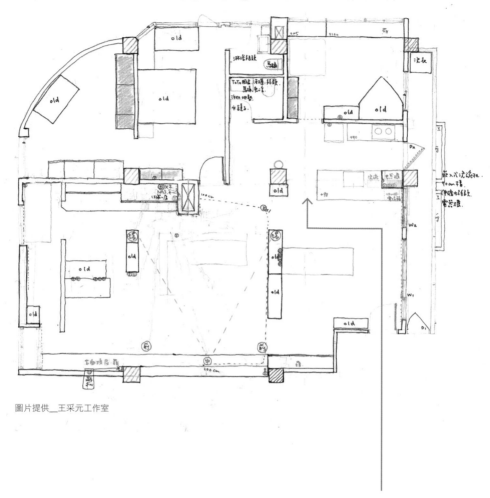

圖片提供＿王采元工作室

攝影＿汪德範 ｜ ＿王采元工作

Tip 1 **調整妨礙動線的格局**

50 坪的空間原本廚房為封閉式，進門後動線稍微迂迴，加上僅開半窗，若想到前陽台還得從客廳進入，將半窗往下打變成落地門，前陽台就能放置洗衣機，並直接由廚房進出，加上取消原廚房隔間，中島廚房與客餐廳、工作大桌都能隨時互動也可看顧孩子的狀況。

Tip 2　　**沿樑柱打造收納**

此案為退休宅，將餐廳與神明廳規劃於家的中心，
神明廳兩側以側拉使用的玻璃陳列櫃設計，讓女
主人可擺放花器營造左右護衛的感覺，陳列櫃後方
其實就是原屋存在的結構柱，藉由設計巧妙予以化
解，而神明廳兩側也都是充足的收納機能。

攝影＿王采元　圖片提供＿王采元工作室

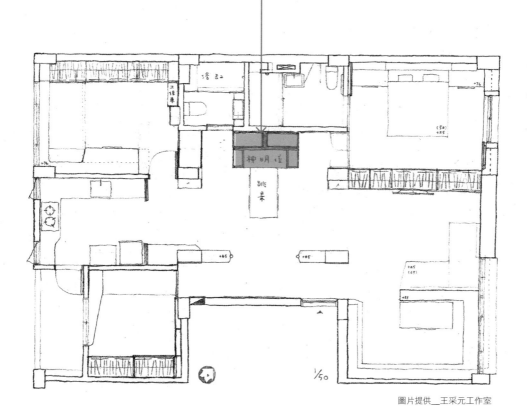

圖片提供＿王采元工作室

Tip 3 | 動線配置儲藏空間

許多新成屋內為了強調幾房幾廳的規格，有些房間小得不知道該如何使用，這時也建議規劃成儲藏空間，與其在家中裝無數機關做收納空間，導致最後不知道東西收到哪裡，集中收納會是解決的好方法。

攝影＿汪德範
圖片提供＿王采元工作室

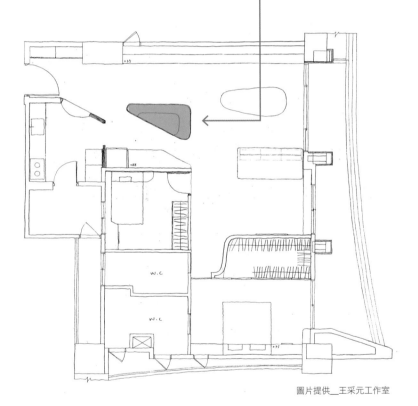

圖片提供＿王采元工作室

✕ NG | 為沒有規劃習慣的使用者設計儲藏室

一味地做滿櫃子卻毫無收納整理計畫，反而導致空間的浪費，儲藏間建議控制在深度約 1.1～1.2 米左右、寬度約 100 公分，避免最後堆滿物品變成倉庫、根本找不到東西，失去其真正的收納功能，除非本身有很好的收納歸位計畫與能力，才適合較大尺度的儲藏間。

Rule 2 ▶ 儲藏間的設置與否

建築師張育睿擅長以業主的生活考量後續設計，懂得打破一般公寓制式的格局與空間的使用侷限，本案讓使用空間的行為與視覺得以延伸擴展，創造家人共享的環境。設置儲藏間絕非必要，但是相當適合習慣將物品隱藏起來的業主。這棟大樓的住戶幾乎都是把這個區域當作電視牆，但業主家中不太需要電視，而改用投影機代替，將連結客廳的一方領域打造高度約 270 公分的儲藏間，並且提供了海量收納，而櫃門切割線條以及鐵件材質的門片，都讓視覺顯得俐落有型，創造出無壓的生活環境及樸素質感。

圖片提供__ SOAR Design 合風蒼飛設計 × 張育睿建築師事務所

創造出來的空間可以放孩子的玩具、行李箱，以及穿過的外套。

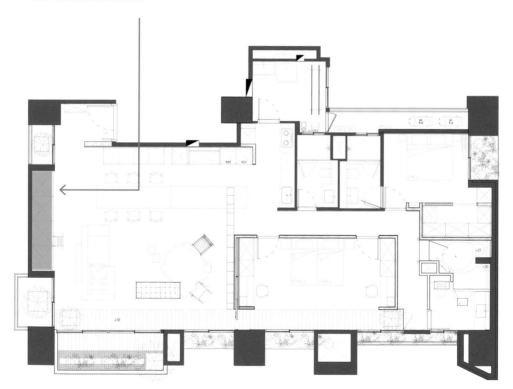

圖片提供__ SOAR Design 合風蒼飛設計 × 張育睿建築師事務所

Rule 3 ▶ 善用畸零區域

有些房子尤其是中古屋，常在隔間後有畸零空間產生，像是三角屋、長形屋、夾層屋等，常有些不知該如何是好的空間，建議可以將這些地方設為儲藏空間，讓房子更方正，同時也創造更多收納空間。善用住宅的畸零空間或是樑下結構，玄關、客廳之間利用畸零環境規劃儲藏空間。以下圖為例，原有玄關為一個「L」形動線連接的空間，導致動線難走也造成空間浪費，設計師榮燁將動線改由從玄關中軸進入客廳後，可以創造出一個小空間作為進家門的儲藏室使用。

圖片提供＿吾隅設計

創造出來的空間可以放孩子的玩具、行李箱，以及穿過的外套。

1 FOYER
2 THE UTILITY ROOM
3 LIVING ROOM
4 MULTIFUNCTIONAL AREA
5 DINNG ROOM
6 KITCHEN
7 BALCONY
8 BATHROOM
9 BEDROOM-1
10 BEDROOM-2
11 MASTER BEDROOM
12 CLOAK ROOM
13 BATHROOM

圖片提供＿吾隅設計

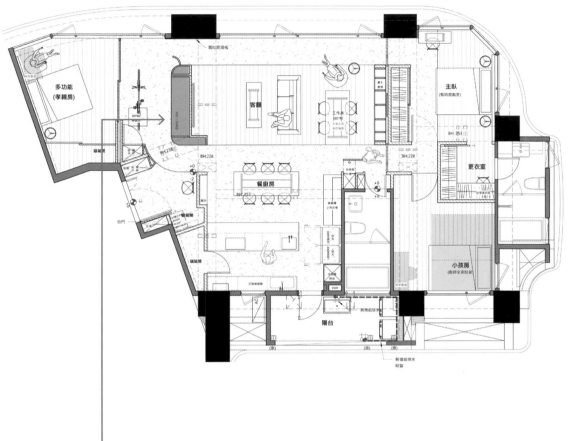

Rule 4 ▶ 善用隔間牆

設計師黃世光認為，從平面圖上來看，牆面就是一條線，但若把牆面增加厚度，就能變成櫃體。尤其現今住家坪數不大，若牆面外再製作櫃體不僅可能影響動線，也縮小空間使用可能性，因此利用隔間牆不僅可以適切規劃收納物品，同時也能達到空間區隔，一舉兩得。若需要分區界定，也可利用隔間牆搭配拉門，創造開門即可穿透，關門則能保有隱私的特性。

圖片提供__日作空間設計

圖片提供＿日作空間設計 圖片提供＿日作空間設計

Tip1　空間界定

為了保留空間中的河岸窗景能一覽無遺，同時創造出彈性開闊的親子空間。故在隔間牆側搭配拉門，如此一來可以輕鬆定義出休閒、睡覺區域。此處隔間牆一面深度 30 公分做成書櫃，另一側則是衣櫃深度有 60 公分，中間則是拉門，既是區域界定兼具實用性，發揮最大坪效。

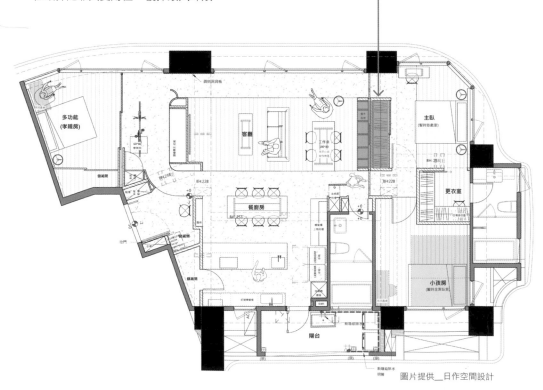

圖片提供＿日作空間設計

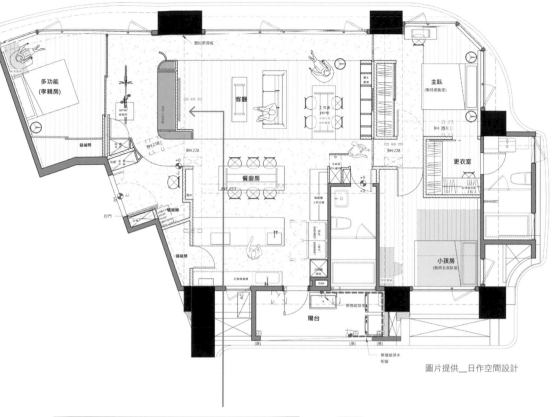

圖片提供＿日作空間設計

圖片提供＿日作空間設計

Tip 2　雙面櫃共構牆面

這樣的設計可以稱呼其為櫃隔間，因屋主喜愛從事露營、騎腳踏車等戶外活動；小孩活動力旺盛，喜愛跑跑跳跳，四處騎小型腳踏車。因此希望創造出開放的居家環境，讓小朋友能自在活動，同時方便家長隨時關照。一面櫃體靠近玄關，完整搭配展示收納、隱藏收納，另一方面則規劃電視櫃，可以創造出安逸的家居空間。

✕ NG　未考慮櫃體承重

若沒有考量到櫃體承重量，硬是將物品放置到層板上，可能導致層板出現微笑線，甚至斷裂。假如業主的收納物品極重，可以在規劃毛胚屋時皆採用頂天立地的骨料，才能承載像是腳踏車這類物品的重量，但其他收納物品，像是公仔與一般物品，所使用的層板厚度無須過厚，只需使用 4 公分厚度即可。

從尺寸規劃

Rule 1 ▶ 以物品尺寸考量收納

常見如衣物部分,建議先了解業主衣物的種類包含哪些,舉例長大衣或洋裝的長度介於多少,如果是褲裝比例最多,吊桿量就得考慮增加,另外像是飾品的大小涉及收納的形式,假如太小是否需要以格抽輔助,以及是否需要一目了然可以看見?或者是業主比較傾向抽屜的形式?但如果配置玻璃面板則要留意清潔與強化爆裂問題。其他像如果業主熱愛烹飪,調味料罐子數量與高低最好先進行調查與統計,以免做了拉櫃卻放不下或是不夠用。

攝影__王采元 圖片提供__王采元工作室　　攝影__汪德範 圖片提供__王采元工作室

(左)調味料的數量應先調查與統計。(右)熱愛手作的女主人擁有 400 多捲紙膠帶,為了方便挑選取用,設計師王采元依據紙膠帶尺寸規格,特別設計了一組紙膠帶抽,全部放滿可容納 800 多捲左右,好收納也很好尋找想要的款式。

✖ NG ｜ 櫃子高度未考量業主需求

收納尺寸上最容易發生的 NG 配置,就是沒有考慮到業主身高所設置的掛衣桿或是櫃子,導致必須墊腳才能使用,久而久之櫃子可能變成閒置無用,因此像是使用頻率高的物品記得要規劃在業主拿取收放都便利的高度。

不論坪數大小，尺寸的拿捏是促成好不好看、能否收得更多的關鍵。像是櫃體深度需配合書籍尺寸，鞋櫃則需要確定所有鞋種的大小長度，才能設計出好看又順手收放的收納設計。

Rule 2 ▶ 正確測量收納空間尺寸

設計師王采元建議可以常見傢具量體先為自己大概抓需要的收納量，包括像是 100×200 公分的衣櫃大約需要有幾櫃？100×200 公分的書架大約有幾櫃？其他像是零食／玩具若以一箱 40×60×40 公分來算的話，大約需要幾箱的量才能裝滿？透過這些數據化的統計，即可初步了解要規劃多少的收納櫃體。以下方櫃體來舉例，女主人喜愛書法國畫也經常舉辦個人畫展，家中有非常多圖紙畫卷需要收藏，為此設計師王采元規劃了特製收納櫃。

攝影＿＿王采元 圖片提供＿＿王采元工作室　　　攝影＿＿王采元 圖片提供＿＿王采元工作室

沙發後看似為座位靠背結構，其實是深 120 公分的圖卷收納櫃，窗台也有深 70 公分的空白圖紙抽屜，另外還有收納空白紙捲的層板與圖卷抽，如此一來就很方便整理。

✕ NG 未預留收納櫃體門片開闔空間

在規劃櫃體時經常會忽略開關門片需要的迴轉空間，結果變成櫃子打不開，或是必須開關房門之後才能打開的櫃或抽屜，造成使用不便，在這種情況下建議可搭配使用滑門形式，或是改為開放形式的櫃子；或者改成僅做上方門片，被擋住的櫃體則不做門片，以收納籃取代，並且換成方便挪動的床頭几，甚至將不便收納的區域定義成使用頻率低的空間。

圖片提供＿吾隅

盡量不要為空間下定義，設計櫃體也是如此，若是客廳與其他區域相連，則櫃體能提供兩區收納。

Rule 2 ▶ 小中大坪數尺寸考量

設計師林宥良建議，大坪數住宅由於空間足夠，其實可以設置儲物間，如果空間大小偏小，則建議設計深度大約為 90 公分的深櫃，滑門打開來，裡面就可以放行李箱、吸塵器之類的物品。設計師榮燁則認為，以中小坪數來說，收納應在空間模糊化，意即不只給一個空間使用，而是重疊兩個空間或使用功能，如餐廳的餐邊櫃除了放餐具，也能當作書櫃，等於在餐桌用餐之外，也能作為私人書房辦公、閱讀，依據業主需求賦予收納空間定義。

Tip 1　小坪數規劃重點

以 9 ～ 18 坪來說，收納重點在於重疊空間、疊合機能，讓空間與空間之間有收納櫃體。通常設計上會以架高地板搭配臥榻或長廊，賦予機能與收納疊加的雙重功能。建議不要細分空間用途，一旦將空間劃分開來，反而只會顯得更加狹窄。盡量以一個公領域為主，搭配上多樣化的使用方式。此外，小坪數的收納可能要設置一整排靠牆的收納，並善加利用畸零空間。

圖片提供＿宅即變空間微整型

圖片提供＿宅即變空間微整型

✕ NG　放置尺寸過大的傢具

正因為是小坪數空間，對於傢具尺寸更要斤斤計較，如果只是依照空間隨意設計大小不合的傢具，只會令空間更加擁擠。因此小住宅建議配合空間尺度訂製傢具，才能讓視覺開闊舒暢。

Tip 2 **中坪數規劃重點**

25 ～ 40 坪的空間，收納應重視剛需實用，
占比應在全屋面積 13 ～ 15% 以上，尤其是
有小孩的家庭，應考量父母與孩子的收納行
為，如在客廳中展示父母的蒐藏品，另外假
如孩子喜歡在客廳玩耍，也要考量玩具、繪
本的收納性。

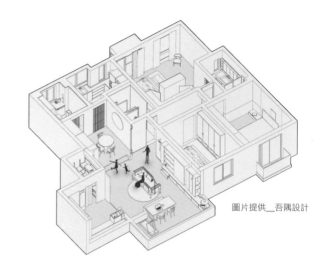

圖片提供＿吾隅設計

圖片提供＿吾隅設計

圖片提供＿吾隅設計

Tip 3　大坪數規劃重點

60 坪以上的大坪數空間，不用擔心收納空間的不足，反而該重視的是居住體驗與氛圍營造，收納重點除了實用、便利，材質、五金配件等要顯現出質感、大器。此外，應將業主的喜好、情感與空間做連結，甚至是延伸到更有故事性的意義層面，從收納功能與造型展現出來。

✕ NG 櫃子高度未考量業主需求

設計前應先考量業主需求，再將該櫃體的功能適配到合適區域。以小坪數來說，收納功能必須具多樣化的特性。設計櫃體前，必須特別了解每位家庭成員在該區域的使用習慣與身高，便於拿取。最重要的收納設計原則就是，使用頻率低的物品，應規劃放在最不便於拿取的櫃體，如高櫃或被擋住的櫃體；使用頻率高的，則是業主取用最方便之處。

從動線規劃

Rule1 ▶ 以生活重心動線為考量

每個家庭根據不同的人口而組成,為了符合每位成員的生活習性、興趣,設計出來的空間也會獨具特色。舉例有孩子的家庭,幼兒時期大多會在客廳玩耍,隨著他們慢慢長大,不僅要開始寫作業,也會希望有私人空間,因此待在房間的時間變多,直到他們長大離家,房屋使用最終回歸父母。所以在規劃整體空間,尤其是兒童房,更應以父母的長遠需求來定義空間,而夫妻則單純考量他們的生活重心即可,以下舉例為一對頂客族夫妻的動線規劃。

Tip1　玄關收納依外出習慣而定

業主養了兩隻牛頭梗,平時會帶牠們外出散步,為了方便遛狗,大門設置了洞洞板來收納遛狗用具,並特別做了高 1.4 公尺的隔斷與卡座,滿足在此換鞋、收納鞋子的需求,也能幫外出回來的牛頭梗擦拭腳底,相當便利。

Tip2　以生活方式與烹調習慣

男主人是法餐主廚,對廚房爐具非常講究,為了讓下廚空間更大,把廚房改到原來的餐廳位置,設計成開放式廚房,將爐具安排在中島吧檯,因為西餐製作較具有觀賞和互動性,讓親朋好友也能一同參與,產生更多交流和互動。客廳沙發後方則放置餐桌,一旦多人聚餐,還能將沙發和餐桌位置對調,使餐桌與中島吧檯相連,宛如一座自助吧,營造出隨興放鬆的氛圍。

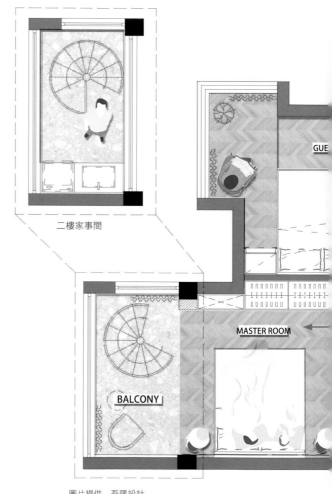

二樓家事間

圖片提供__吾隅設計

如果是家中時常需要用到的收納，就得考量動線，例如杯碗的收納，可以沿著廚房動線設計，讓使用動線如行雲流水般自然順手。

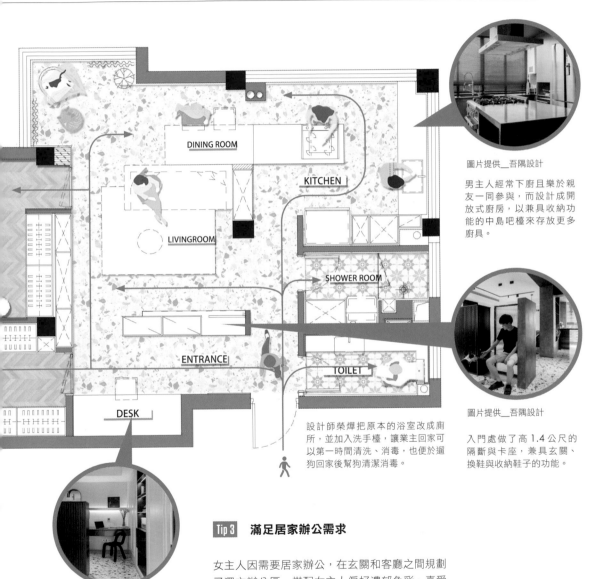

DINING ROOM

KITCHEN

LIVINGROOM

SHOWER ROOM

ENTRANCE

TOILET

DESK

圖片提供＿吾隅設計

男主人經常下廚且樂於親友一同參與，而設計成開放式廚房，以兼具收納功能的中島吧檯來存放更多廚具。

圖片提供＿吾隅設計

入門處做了高 1.4 公尺的隔斷與卡座，兼具玄關、換鞋與收納鞋子的功能。

設計師榮燁把原本的浴室改成廁所，並加入洗手檯，讓業主回家可以第一時間清洗、消毒，也便於遛狗回家後幫狗清潔消毒。

圖片提供＿吾隅設計

由於女主人常在家辦公，特別在玄關旁的畸零角落設計獨立辦公區，提供一個安靜隱密的空間。

Tip 3 **滿足居家辦公需求**

女主人因需要居家辦公，在玄關和客廳之間規劃了獨立辦公區，搭配女主人偏好濃郁色彩、喜愛植栽，以及擁有花藝師的背景，工作檯特別挑選深色，並在角落擺放女主人最愛的花藝，使工作氛圍更加心曠神怡。

Rule 2 ▶
用局部隔間整合機能

中島廚房是現今許多愛料理人的夢想，卻又為其油煙問題、聲音問題而困擾，平時孩子玩耍時，開放式廚房的確可兼具觀看照護之用，但是孩子睡了後，若要在廚房烹調又顯得聲音過吵，設計師為了解決此問題特別採用「使用時即可關門」巧思，讓小宅無需再多製作門片也能完成中島廚房局部隔間。不僅讓廚房保有相對開放性，即使雙側門片皆關起來，依舊透過玻璃門片可以達到 20％光亮度，減少視覺上的壓迫感，即便全關門也可以透過水槽區送餐口與坐在餐廳的家人互動。

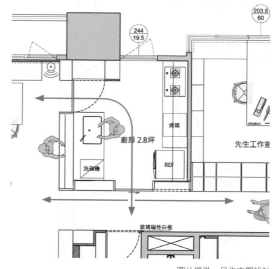

圖片提供＿日作空間設計

櫥櫃雙側皆採用透光門片，不僅增加採光性，同時也讓物品拿取、擺放性達到雙通可能。

圖片提供＿日作空間設計

Tip 1 開櫃即關門

水槽旁的櫃體收納各種廚房內瓶罐、調味料,當廚房開放時就是收納櫃,使用時將櫃體門片打開,同時也關上廚房與外部通道,不僅控制人的動線,也保留了物品流動的可能性。

圖片提供__日作空間設計

Tip 2 既是展示門片也是穿透門板

連接廚房另一側的是書房,其旁做了一組酒杯展示櫃,一片門片特地留空玻璃,在櫃體前時是觀賞酒杯層架的展示窗口,拉上時則變成人們從走廊觀看廚房內部空間的窗口,可謂一舉兩得。

圖片提供__日作空間設計

✕ NG 物品放置未考量即時使用性

收納關鍵不是在於「收」,而是必須思考確切「用」的需求。舉例來說,咖啡杯具、器材應當放在靠近餐廳或是廚房的器材櫃,而非擺在廚房櫃體層板中的深處,一來拿取不便,二來不符合使用順手度。因此,在收納物品時,可以先思考物品擺放位置,再考量物品使用率來設計櫃體深度,才能達到最佳的收納使用性。

Rule 3 ▶
收納依習慣配置更為順手

因應屋主的需求，在廚房設置以灰白色水磨石
打造的中島吧檯，作為備料使用，且為增加機
能性，設計師蕭群艦結合 L 型實木平台延伸於
中島周圍；上方則以鐵製吊櫃設計，提升收納
空間，可以用來擺放調味用品或餐具，也可當
作放置展示杯等等，讓其有秩序且不顯凌亂。
最右方增設的系統電器櫃，連結餐邊櫃，另外
還有兩處小層板，讓拿取物件都更為順手。

圖片提供__大見室所

圖片提供__大見室所

圖片提供__大見

開放式廚房結合公領域，讓烹飪時還能與家人聊天；櫃體則根據收納物件、生活動線作為區域劃分，一區主要為餐廚區、
另一區則為家人齊聚的客廳。

圖片提供＿大見室所

電視櫃為公共區域的動線中心，作為電視與視聽設備的櫃體，陽台旁還有架高的空間，供來訪親友席地而坐。

Rule 4 ▶收納流程最佳化

可請業主從進門後開始想像每個收納流程，來決定收納的場所及區域，且收納物品不能離使用的範圍太遠，須依照使用地域性及生活習慣來規劃收納，才能是方便又持續性的收納。以圖示為例，玄關入口處規劃了完整的落塵區，從穿鞋椅、鞋櫃至電子衣櫃，用以收納大量鞋子與衣物，藉此讓生活空間更簡潔有序。客廳則打造多功能的整合收納櫃，成為公共區域的動線中心，並將部分作為開放式設計，擺放書籍與展示陳列，其他則用格柵門片、隱藏櫃體收整公共區域的雜物，同時做到收納、展示的功能，創造出視覺的豐富與整體性。

圖片提供＿大見室所

Rule 5 ▶
運用環狀動線

建築師張育睿運用無界限的環狀動線來貫穿室內，讓陽光與氣流能更好地在室內流動。首先將中島吧檯設置於客餐廳中間，並連結大型餐桌，餐桌總長度約 6 米，中島除了區分不同料理使用外，餐桌也能作為家人的閱讀領域，讓機能相互分工。而中島後增設高、矮櫃，高櫃放置紅酒、咖啡機等家電用品；矮櫃則放置日常餐飲使用的鍋碗瓢盆，讓全家在做完料理後，一方面能直接在這此處品嚐，減少移動的不便、另外也可以增進家人間的互動感情。

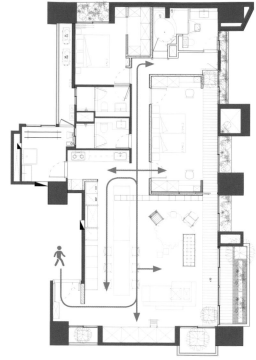

圖片提供＿ SOAR Design 合風蒼飛設計 × 張育睿建築師事務所

圖片提供＿ SOAR Design 合風蒼飛設計 × 張育睿建築師事務所

開放式中島吧檯，讓流動成為居家氛圍中最重要的元素，家人分享生活交流情感，享受閒適的家庭生活。

Rule 6 ▶ 改善迂迴動線擴大收納空間

由於原有主臥的配置讓動線不順暢,而拆除小型儲藏室與部分牆體,重新規劃空間配置,讓原有極小的儲藏空間極大化,變成更衣間,入口考量未來輪椅方便進出改用滑門。為了讓公領域採光更好,拆除次臥原有牆體,改用玻璃金屬拉門。取消原有入口旁的半套式客衛,位置移到餐廳旁,並擴大為可洗澡的全套式衛浴空間,考量熟齡業主使用安全性,採用防滑磁磚。

BEFORE

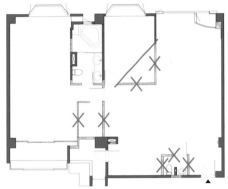

房子格局為兩個大的房間,最左邊為主臥,父母與孩子共用一間浴室,小房間則為儲物間,門口旁設計半套客衛。

圖片提供__潤澤明亮設計事務所

AFTER

圖片提供__潤澤明亮設計事務所

收納需求 Check list

玄關

- ☐ 鑰匙
- ☐ 室內拖
- ☐ 室外鞋
- ☐ 外出服
- ☐ 包包
- ☐ 信件
- ☐ 掃拖地機器人
- ☐ 空氣清淨機
- ☐ 雜物
- ☐ 電風扇
- ☐ 酒精
- ☐ 口罩
- ☐ 香氛

客廳

- ☐ 遊戲機
- ☐ 書籍
- ☐ 小米盒子
- ☐ 投影機
- ☐ 投影機布幕
- ☐ 掃拖地機器人
- ☐ 空氣清淨機
- ☐ 茶几
- ☐ 除濕機
- ☐ 喇叭
- ☐ 窗簾
- ☐ 電風扇
- ☐ 電視
- ☐ 電視盒
- ☐ 網路分享器
- ☐ 燈具
- ☐ 邊桌

主臥

- ☐ 手機充電器
- ☐ 床架
- ☐ 保養品
- ☐ 床頭櫃
- ☐ 空氣清淨機
- ☐ 除濕機
- ☐ 窗簾
- ☐ 電風扇
- ☐ 棉被
- ☐ 慣用衣物

收納物的大小及數量，關係著收納空間的尺寸及大小，所以對於自己家裡有多少東西要很清楚，而且未來還會增加多少也要先預估出來。

衛浴

☐ 吹風機

☐ 刮鬍刀

☐ 鏡子

☐ 毛巾

☐ 洗臉器

☐ 牙刷

☐ 杯具

☐ 衛生紙架

☐ 燈具

☐ 鏡子

後陽台

☐ 水槽

☐ 洗衣機

☐ 曬衣架

☐ 烘衣機

廚房

☐ 烘焙用具

☐ 麵粉盒

☐ 攪拌機

☐ 清潔用品

☐ 水波爐

☐ 冰箱

☐ 果汁機

☐ 烤箱

☐ 電子鍋

☐ 電鍋

餐廳

☐ 餐具

☐ 杯墊

儲藏室

☐ 吸塵器

☐ 健身車

☐ 飼料收納

☐ 衛生紙

☐ 行李箱

CH2

住宅各區收納設計

Part 1 公領域收納重點
Part 2 私領域收納重點
Part 3 畸零區收納重點

PART 1 公領域收納重點

Area 1 ▶ 玄關 Entrance

設計師王采元建議配合使用者習慣的物件收納，請業主試著回想「現在你家門口周圍所有在地上、椅背上、桌面上的東西，就是玄關需要收的東西。」特別是回家與出門，每個人的習慣不同，有人一回家是零錢鑰匙全部從口袋掏出來、有人則全部收在包包，一回家只需要放包包；也有人出門前要吃保健品，所以希望藥品放玄關才會記得吃、有人則是出門前最後一刻才化妝，化妝櫃就應該設置在玄關。以右方圖示為例，玄關櫃設計三個小抽屜，可將統一發票、電子發票證明聯或是各種折價券都先妥善分類收納，等空閒時再拉出整理。

攝影＿林以強　圖片提供＿王采元工作室

這個發票整理櫃的另一個重點是後方抽取的功能，下方還設置可以直接丟掉用不到的明細或廢紙的帶輪活動垃圾桶，整理發票時從後方可以連垃圾桶一起整組移到餐桌去整理，非常方便。

📝 玄關收納核心評估

空間位置	櫃體形式	收納需求
☐ 門後	☐ 門片式收納櫃	☐ 鞋子
☐ 壁面	☐ 抽屜式收納櫃	☐ 穿鞋椅
☐ 樑下	☐ 展示收納層架	☐ 整衣鏡
☐ 隔間牆	☐ 其他	☐ 衣帽
☐ 其他		☐ 嗜好蒐藏
		☐ 雨傘
		☐ 鑰匙雜物
		☐ 信件帳單
		☐ 其他

公領域包括玄關、客廳、廚房、餐廳、衛浴……等地方，這些地方經常會有賓客來訪，因此收納重點就是美觀，可將喜愛的蒐藏品展示陳列，也可將物品收納於隱藏式櫃體，依照業主收納習慣來設計。

Point 1　配合不同鞋款設計鞋櫃

鞋櫃最重要的是深度，以及必須配合不同鞋款設計可調整的高度，通常深度會做到 40 公分左右，是最好拿取的尺寸，但如果玄關空間夠大，鞋櫃深度能超過 60 公分以上，建議可搭配活動抽拉層板，這樣就能雙層擺放。通常設計層板跨距時，會以一雙鞋子公分的寬度為基準單位去規劃，例如想一排放進三雙鞋子，就可設計約 45 ～ 50 公分寬，以免造成只能放進一隻鞋子的窘境。除此之外，建議鞋櫃的層架可以稍微傾斜約 30 度，方便拿取的同時也能一目了然。

1. 開放式鞋櫃

以居家空間來說，不建議鞋櫃規劃為全開放形式，主要是鞋子款式、顏色不盡然統一，加上每雙鞋子新舊狀況不一，反而會讓空間變得凌亂不美觀，但像是比較常穿的鞋子，不妨將鞋櫃局部做開放或是櫃體懸空設計，直接收在櫃子底下，好穿脫也不會影響視覺。

攝影＿王采元　圖片提供＿王采元工作室

部分鞋櫃可規劃成懸空設計，利用下方高度收納常穿的鞋子，但建議以一人一雙為限，視覺上才不會太凌亂。

2. 封閉式鞋櫃

封閉式鞋櫃最主要留意是否需透氣孔設計，並非所有業主都喜歡透氣孔，有人習慣分暫放區將鞋子整理好後再放到有濕度控制的鞋櫃，若擔心封閉式鞋櫃的味道，設計師王采元建議可選用硅藻板做鞋櫃，吸濕又除臭，或是直接安裝除濕機，預算不足則可改用塗布硅藻土的方式。

攝影＿蔡芳琪　圖片提供＿王采元工作室

封閉式鞋櫃須留意是否有透氣孔的需求，或是透過硅藻土板材、塗料獲得改善。

3. 旋轉鞋架

當鞋櫃櫃體有過深或過淺問題，因而讓收納量受限時，可在鞋櫃內加入「旋轉鞋架」，偏斜角度可以置放更多鞋子適用於淺櫃，深櫃則能設置兩面式，透過旋轉五金增加雙倍的收納，且同樣好收好拿。

插圖＿黃雅方

當櫃體不合需求時，可以額外設置旋轉鞋架。

✕ NG 千萬不要出現「半雙」的空間

鞋櫃內鞋子的置放方式有直插、置平、斜擺等方式，不同方式會使櫃內的深度與高度有所改變，而在鞋櫃的長度上，以一層能放 2～3 雙鞋為主，千萬不要出現只能放半雙（也就是一隻鞋）的空間，這樣的設計不合用。

Point 2　掌握需求設計外出衣帽櫃

針對衣帽櫃部分，設計師王采元認為須考量幾個狀況：使用者實際需要暫放的件數？需不需要將汙衣櫃結合衣帽櫃一起整合在玄關？實際需要放置衣物所需的高度？衣帽櫃深度若是 60 公分，除了中段掛衣之外，上下空間該如何充分利用？另外像是後疫情時代下，衣帽櫃需不需要結合紫外線消毒？當充分了解上述需求，才能掌握衣帽櫃必須配置的機能。

1. 開放式層架

玄關衣帽櫃來說，要考慮進門空間的大小是否有餘裕，不然開放式衣帽櫃會很容易一直碰到造成掉落，對使用者而言會很困擾。另外開放式層架的收納形式也必須依賴業主的收納習慣而定，否則容易造成視覺上的凌亂。舉例來說，可以設置掛鉤與層板彈性放置少量外套跟包包，旁邊也可設計外套櫃收納冬天較多的衣物。

攝影＿汪德範　圖片提供＿王采元工作室

以開放式層架作為進入玄關後第一個收納空間。

攝影＿王采元　圖片提供＿王采元工作室

將鞋櫃與衣帽櫃整合在同一道立面上，所有穿過但不髒的衣服都可以披掛在此，更方便統一整理。另外，懸空 25 公分的高度，還能放置常穿的鞋子與掃地機器人。

2. 隱藏式衣帽櫃

密閉式衣帽櫃最怕業主潮濕的外套也掛進來，或是皮質的外套，很容易有發霉問題，所以了解使用者習慣與衣服類型很關鍵。此外，深色容易讓空間感縮小，感到有壓迫感，尤其當一整面牆的收納皆以深色處理，感受到的將不是穩重而是沉重，改用淡色或是利用鏡面並與周遭空間色系搭配，將能放大空間，並讓設計更為突出。

3. 現成衣帽櫃

新冠肺炎持續延燒，穿過的外出衣物只要收納至現成的智慧電子衣櫥，就能快速殺菌、除臭，第一線防堵病毒。經由玄關進入室內，第一眼見到的為左牆面溫潤木皮立面所鋪陳的複合式牆櫃，懸空 25 公分高。除了加入鞋櫃收納、穿衣鏡、還有衣架吊掛外出衣物及展示陳列區，收整入口處的雜物。櫃體也身兼隔間的作用，後方接續著餐廳，兼具隱蔽性也讓動線相當流暢。

圖片提供＿大見室所　　　　　　　　　　　　　　　　　　圖片提供＿大見室所

玄關櫃體保留暗把手，讓整體的視覺乾淨舒適，在使用上也方便。

Point 3 **安置掃地機器人**

多數家庭都有掃地機器人，通常會將玄關收納櫃挑空離地 15 ～ 20 公分，作為它的收納處，但若是考量掃地機器人的工作動線，最推薦放在整體空間的中央開放區域，如電視櫃下方。不過，隨著掃地機器人的功能再進化，若是附加掃拖一體、自動回洗拖布的特點，安置地點就要將排水、給水考慮進去，建議規劃在靠近陽台的客廳，或是臨近衛浴、廚房的位置，以滿足它的工作需求。

圖片提供＿吾隅設計

掃地機器人通常都會設計在玄關櫃下方，但其實安排在整體空間的中央區域會最符合清掃動線。

圖片提供＿吾隅設計

洞洞板是最經濟實惠且多功能的收納設計，出現在任何區域都不會突兀。

Point 4　設置洞洞板

洞洞板是目前常用的壁掛收納系統，收納功能較多，藉由增加一些收納盤、隔板、掛鉤等，可放置不同物品，提供我們生活上的輔助。洞洞板適合出現在任何區域，以上方圖例來說，玄關處的落地洞洞板能遮擋部分視線，弱化一進門就見到客廳的效果。

1. 訂製洞洞板

公共空間內是全家人分享與互動之場域，一年之中孩子可能會因為節慶而繪製節令卡片、特色工藝品，都可在此展現，不僅增添四季氛圍，更是妝點空間特色的重要點綴。一般現成洞洞板僅 1.8 公分，承重量有限，但考量物品重量較重，可於裝修時訂製洞洞板，以右圖來說，內部深度達 4 公分，牢固性極高。

圖片提供＿日作空間設計

Area 2 ▶ 客廳 Living room

設計師榮燁認為，客廳是家庭成員活動頻率高的區域，規劃時應將空間適度留白，收納功能則只要適配到業主需求即可，否則空間塞滿會影響生活品質與體驗。另外，客廳以往總會設計電視牆，如今則更重視生活體驗，例如有些業主不看電視，此時便會關注他的需求與生活喜好，打造合適他的生活場景，像是愛看書的業主，客廳可以打造成小型圖書館；喜歡躺在沙發看手機、iPad 的，客廳只要提供他剛需收納即可。在規劃客廳收納時，應考量滿足業主未來 3～5 年的生活所需，讓空間適度留白，給予可變動的彈性非常重要。

圖片提供＿宅即變空間微整型

透過封閉與開放櫃體的交錯使用，不僅減輕大片收納量體的沉重壓迫，更方便屋主變化居家不同面貌。

📝 客廳收納核心評估

空間位置	櫃體形式	收納需求
☐ 壁面	☐ 門片式收納櫃	☐ 視聽設備
☐ 樑下	☐ 抽屜式收納櫃	☐ 書籍
☐ 柱間	☐ 展示型收納櫃	☐ 蒐藏展示品
☐ 隔間牆	☐ 開放式收納層架	☐ 電器設備
☐ 窗台臥榻	☐ 洞洞板收納牆	☐ 行李箱
☐ 起居空間	☐ 格柵式收納櫃	☐ 寵物用品
☐ 其他	☐ 其他	☐ 其他

圖片提供＿吾隅設計

根據業主生活習慣不同，電視櫃並非一定要做，若是習慣看投影，則能騰出更多空間來做收納。

Point 1　依需求與便利性設計電視櫃

設計電視櫃時，應遵循以下 5 點原則：

- **符合生活需求**：例如喜歡閱讀和偶爾看電視的業主，可設計一款有書櫃，又能隨時闔上門板的半開放式電視櫃。
- **尺寸是否合用**：例如畫冊、雜誌、繪本、小說等不同尺寸的書都能放置嗎？
- **收納便利度**：根據經常與偶爾取用的物品，規劃櫃體形式。
- **櫃體質感**：運用材質、比例與尺寸打造電視櫃質感。
- **連結生活意義**：電視櫃是體現業主生活態度與連結空間關係的代表性設計。

1. 開放式電視櫃

若是業主需要收納的物品不多，屬於斷捨離類型，或是同住家人沒有太多收納需求，平常也較少在客廳區域活動，便適合做開放式電視櫃，雖然視覺上會更為開闊，但記得牆上必須留電線孔，以免外露一堆電線顯得更雜亂。

圖片提供＿吾隅設計

開放式電視櫃適合善於整理收納、物品較少的業主，但要記得預留電線孔，以免一堆雜亂電線破壞美感。

圖片提供＿吾隅設計

由於業主相當喜歡閱讀，期待家中圍繞書香氛圍，設計者本想去除電視，但考慮到長輩依然需要電視的陪伴，選擇將電視設置於移動門上，弱化其存在感。

2. 活動式電視牆

活動式電視牆適合僅少部分收納需求的業主；或者是家中有小孩，希望弱化電視的存在，便會加裝帶門的電視門片，不僅能降低電視出現的頻率，門板裝飾還能使立面跟整體空間看起來更加契合。

3. 電視櫃結合書櫃

習慣在客廳看書、看電視的業主，適合電視櫃結合書櫃的設計，假設客廳上方有樑，櫃體設計與樑深一樣，有修飾空間線條的作用。但書櫃配置要考量業主需求與書籍尺寸，如不常看或珍藏書籍應放在上方，經常閱讀的則是放在隨手可拿之處。

圖片提供＿吾隅設計

客廳的設計重點是適度留白，僅需依照業主需求規劃收納櫃即可，不必做好做滿。

圖片提供＿吾隅設計

書櫃有開放式書櫃、層架，或是封閉式書櫃等形式，應依業主的收納習慣來決定樣式。

Point 2　依閱讀習慣設計書櫃

書櫃形式應依業主的閱讀頻率與生活習慣來設計，如一週會整理 3 ～ 4 次，甚至將打理環境視為療癒過程的業主，適合做全開放式書架或大部分開放的書櫃，濃濃的人文氣息與簡潔氛圍，完整體現業主個人特色；反之，閱讀頻率低、偏愛蒐藏書籍又較少打理的業主，則適合半開放、半封閉式的書櫃，可降低整理環境的頻率。

圖片提供＿吾隅設計

Point 3 書櫃、書架並存兼顧遮蔽與美觀

書櫃設計以開放和隱蔽兼具最佳，但需留意比例上的分配，才不會讓書櫃顯得雜亂又笨重。有門片的隱蔽書櫃，以實用為優先考量，裡面設計可調整高低的層板，以應付各種規格的書籍，甚至放個兩排、三排都可以。

圖片提供＿吾隅設計

透過沿牆設置系統收納櫃，結合隱藏與展示櫃體，讓客廳書櫃既整齊又有展示效果。

1. 半開放、半封閉式書櫃

半開放、半封閉式書櫃適合較少打理環境、閱讀頻率不高的業主，但要留意書籍尺寸不只一種，應考量業主與家庭成員的書種，設計櫃體深度與高度並搭配開放式書架，以方便陳列各類書籍尺寸。

圖片提供＿吾隅設計

半開放結合半封閉式書櫃，除了符合業主較少整理收納的特點，也能營造活潑的空間氛圍。

圖片提供__ SOAR Design 合風蒼飛設計 × 張育睿建築師事務所

頂天展示櫃所配置的是金屬活動拉梯，書牆上設有軌道可與拉梯接合，也能左右自由移動。底部屬於穩定性平底設計，爬上取物時拉梯不會移動。

2. 立面大片書牆

設計整片書牆就如同小型圖書館一般，展現濃郁的書香氛圍，但全部陳列的書籍中，通常有 60 ～ 70% 是屬於蒐藏性，這些書籍可作為裝飾整體空間的一環；另外，為了方便拿取書籍，也可在櫃體設計水平移動滑梯，便於拿放整理。

✕ NG 書櫃門片色彩不統一

若是書櫃門片顏色過多，會讓整體視覺顯得雜亂，或是帶來壓迫感，須盡量避免。此外，可預先了解書籍種類、比例與尺寸，將同一櫃體規劃不同高低差的收納櫃格，達到適度遮蔽與統一視覺的效果。

運用臥榻增加收納量

臥榻雖然不是客廳必需品，但有合適位置可考慮這種配置。臥榻屬於多功能設計，可依業主需求變化出不同作用。舉例來說，臥榻和書桌連結，適合輕辦公或居家上班人士，一旦工作疲倦可直接平躺休息；若是親朋好友拜訪，也能當作喝茶聊天的空間，甚至是臨時留宿的床鋪。當然，抬高地面下方也能收納，主要放使用頻率低的物品。

圖片提供＿吾隅設計

臥榻屬機能性設計，表面可以當作書桌、接待親友聊天，底下則是收納空間，可放些低頻率使用的物品，一舉兩得。

Point 5　視聽櫃設計輕薄化

隨著視聽設備電子化、輕薄化，加上小空間分寸必爭的環境條件下，許多設備都漸漸改以壁掛式來節省空間。若仍需電器櫃者，可採用系統櫃的概念來設計，一般櫃寬以 30、60、90 公分為單位，至於深度則約 45～60 公分，但若有玩家級視聽設備則要增加櫃深至 60 公分以上，以免較粗的音響線材沒地方擺放，難以收納。

圖片提供＿潤澤明亮設計事務所

未額外設計視聽櫃，而是使用實木檯面與現成收納品當作視聽櫃，創造乾淨視覺。

Area 3 ▶ 廚房 Kitchen

因廚房裡的物件、配備的尺寸大小都不太一樣,像是家電、食物、乾糧,所以規劃收納機能時需要考量較多細節。而零食、備料瓶罐等這類的物件,外觀上的顏色與形狀不一,視覺上容易傳遞凌亂的感受;加上備品的性質,不一定很快使用完畢,大多會存放一段時間,因此建議可利用門片設計的隱藏式收納,保持廚房空間的美觀。而顯露於外的,特別是陳列在展示櫃或是檯面上,可擺放一些實用、具美學質感的物件,像是美型家電,營造乾淨、清爽的廚房空間。

📝 廚房收納核心評估

空間位置	櫃體形式	收納需求
☐ 壁面	☐ 料理檯	☐ 杯盤碗筷
☐ 樑下	☐ 門片式收納櫃	☐ 各式鍋具
☐ 柱間	☐ 抽屜式收納櫃	☐ 刀具砧板
☐ 隔間牆	☐ 展示型收納櫃	☐ 清潔用品
☐ 畸零角落	☐ 開放式收納層板	☐ 家電
☐ 其他	☐ 中島吧檯	☐ 食材乾貨
	☐ 上方吊櫃	☐ 調味品
	☐ 掛桿	☐ 其他
	☐ 其他	

Point 1　選擇適合自己的餐廚格局

依居家坪數大小、格局而言，餐、廚可「各自獨立」，也可作成開放式的合一設計，廚房通常有一字型、L型和加了中島的二字型，以及ㄇ字型，小坪數居家多為一字型和L型，二字及ㄇ字型則需要規劃出適當的走道寬度，以及所需的收納櫃體，平台面積較多的可能要規劃上方吊櫃，由於廚房水火區域尺寸規格大多固定，想要增加收納量可以調整中島的深度，讓下櫃空間更寬敞；或規劃大型獨立櫃體等。餐廳區則需要考量到走道寬度，避免櫃門或椅子成為動線中的阻礙。

插圖＿黃雅方

調整中島深度就可以增加下櫃收納量。

Point 2　避免混亂感的隱藏術

考量廚房空間容易堆積食物、待洗碗盤或是儲備糧食的地方，容易產生視覺雜亂感。為了巧妙隱藏這些零碎的物品，達到眼不見為淨的效果，利用深色中島的設計，融入烤箱、酒櫃等收納量；此外，也延伸檯面面積，當料理時，可增加備品的收放量；而除了轉角以黑色開放櫃為設計，其餘皆以白色門片遮擋內部物件，而上方騰空櫃體規劃收納麵條、零食等乾貨為主。

圖片提供＿宅即變空間微整型

廚房空間裡打造深色中島，納入紅酒櫃、烤箱的收納設計，以輕食為主的領域，開啟日常美好的一天。

在開放式廚房裡增加中島設計,擴充料理的檯面,同時作為用餐的吧檯之用。

Point 3　開放式廚房廚具電器以美型為主

坪數有限的公領域裡,規劃開放式輕食廚房區,非常適合給不常煮食的屋主使用。由於空間有限以及物件不多,強調個人生活品味為訴求,挑選的電器像是烤箱與下方的冰箱都以輕巧為主。收納規劃上,不適合將櫃體做滿的封閉式設計,轉以開放式收納為主,而局部安排展示櫃體,陳列風格家電與器具,帶來適度妝點效果,反而不會壓縮空間感。

Point 4　整合櫃體與開放式收納

由於業主是一對雙胞胎男孩,父母住隔壁房,男孩們平時喜愛吃零食、泡麵,因此,餐廚區除了中島內側規劃收納,還特別設計高升櫃;利用深度 60 公分、寬 30 公分的垂直高度,結合五金設計創造收納量,上方收納零食、泡麵等乾糧,下方則擺放飲料等瓶罐類,滿足實用需求。

廚房空間以白色為基底,帶來乾淨、簡約的視覺效果;並以中島巧妙界定客廳與廚房,同時梳理料理與送餐動線。

Point 5 **保留充足的備料空間**

料理的動線通常依序為水槽、備料區和爐具,水槽
與爐具通常有固定規格,而居於中央的備料區域以
70～90公分最佳,可依下廚人數、特殊需求作
調整,小坪數廚房備料區也不要少於45公分,否
則難以使用外也容易造成凌亂。爐具位置要避免太
靠牆面,最好能與牆面留有40公分平台便於擺放
鍋具。

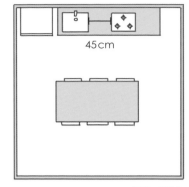

45cm

插圖__黃雅方

備料區至少需要大於45公分的空間。

Point 6 **依身形高度拿捏尺寸**

現代廚房下方的廚檯高度多落在80～90公分之
間,上方吊櫃建議與廚檯具有60～70公分高度
落差,設定在離地145～155公分之間,如果要
置頂,建議依照使用者的實際身高和習慣來進行高
度規劃,才能更正確符合使用需求。通常收納櫃會
擺放電器,像是電鍋或飲水機,怕蒸氣會影響到板
材使用年限,頂端層板最好採鏤空或無蓋設計,讓
蒸氣可以向上蒸發,降低對板材的影響。

插圖__黃雅方

圖片提供__吾隅設計

廚房應依照使用者的實際身高和習慣來進行高度規劃,
才能更正確符合使用需求。

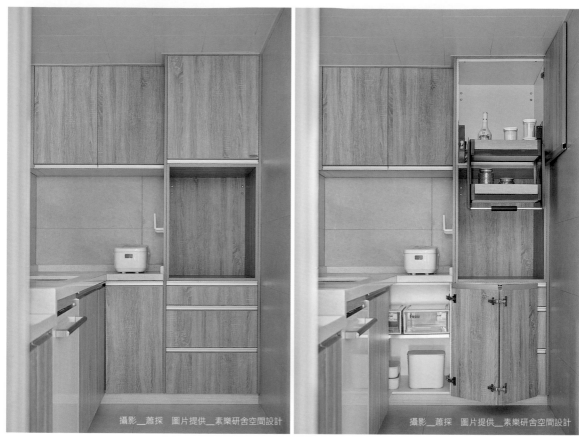

攝影＿蕭探 圖片提供＿素樂研舍空間設計

攝影＿蕭探 圖片提供＿素樂研舍空間設計

由於男主人很喜歡下廚，設計師謝媛媛在廚房吊櫃設置升降拉欄，除了便於收納外，也讓屋主不須額外搬凳子爬上爬下拿取東西，降低摔跤風險。

Point 7 　廚房應用伸降拉欄與五金配件

若業主為熟齡期長輩，在空間中盡量不要安排需要爬高的場景。設計師謝媛媛以升降拉欄的大小規格設計櫃體，再安裝拉欄進去，這種拉欄的規格多元，可依櫃體的厚薄挑選。廚房轉角處的櫃門搭配五金配件更好用，常規的櫃門只能開一面，且在轉彎處很難拿取內部物品，但是運用轉角櫃門後，就變得很好拿東西了。此處利用連接在櫃體側面的鉸鍊，兩個門片中間再搭配特殊的五金連接件，構成轉角門。

Point 8 **運用轉角空間提升收納**

L型廚房通常是小家庭的好選擇，可輕易納入收納櫃體與用餐空間，然而在轉角的部分不論是抽屜或櫃門相當難以使用，這時可以善用五金配件在收納上變化，像是蝴蝶轉盤、小怪獸、半圓式轉籃等，基本都有標準尺寸可供選配。建議將冰箱、水槽安排以及爐具或烤箱，可以分別設置於L型的兩條動線上，形成便於烹飪的三角形動線。如果擔心收納機能不足，可以增設吊櫃或上櫃，滿足收納需求。

插圖＿黃雅方

廚房轉角處可運用旋轉五金創造更靈活的收納。

Area 4 ▶ 餐廳 Dining room

現今餐廳通常和客廳相連,而靠近餐桌的區域,最適合拿來收納餐碗杯盤或是和廚房相關的瑣碎品項,例如備用醬料和調味料之類的。建議從客廳至餐廳,運用一整面櫃牆整合各種機能,看似連貫又區劃了兩個場域。如果有個人蒐藏,可以利用這面展示牆,擺放蒐藏的物品;也可以利用從平台轉而伸出的小吧檯劃出界線,下方空間正好可收納廚房小物,比如備用電器或乾貨等。

📝 餐廳收納核心評估

空間位置	櫃體形式	收納需求
☐ 壁面	☐ 門片式收納櫃	☐ 水果零食
☐ 樑下	☐ 抽屜式收納櫃	☐ 食材乾貨
☐ 柱間	☐ 展示型收納櫃	☐ 調味品
☐ 隔間牆	☐ 開放式收納層板	☐ 電器
☐ 畸零角落	☐ 移動式中島餐櫃	☐ 其他
☐ 其他	☐ 固定式中島吧檯	
	☐ 上方吊櫃	
	☐ 掛桿	
	☐ 其他	

Point 1 按需求設置餐邊櫃

餐廳中的櫥櫃可分為展示櫃與餐邊櫃，其中又有開放式跟門片式設計。另外，廚房內的電器櫃也會隨著使用者的習慣移至餐廳內的趨勢。餐櫃部分，可分成挑高或低櫃形式，差異在於是否要佈置餐櫃壁面與櫃面，若要進行裝飾佈置，低櫃較合適，建議高度約 85～90 公分，方便擺放飾品。挑高型餐櫃則盡量不要超過 200 公分，以免拿取物品不方便。

1. 層板搭配系統櫃

採淺色木紋打造的餐櫃設計，因應需求除了門櫃、檯面與抽屜櫃等設計外，搭配層板的規劃讓系統櫃體更具有變化以及立體表現，也更顯輕盈感，並且有效提升多種置物的收納機能。

圖片提供__大見室所

餐櫃的深度也很重要，深度約 40～50 公分，收納大盤子或筷類、長杓時較方便。

將下層區段做成封閉的形式，透過抽屜形式放置其他重要物品，另外木板也讓方正量體增加藝術質感。

2. 半開放半封閉櫃體

用來展示餐具的餐櫃多半以玻璃作門片，將上櫃視覺聚焦區設計為展示用，而下櫃則以收納為主，內部的層板高度由15～45公分均有，取決於收納物品高低，如馬克杯、咖啡杯只需15公分即可；酒類、展示盤或壺就需要約35公分，但一般還是建議以活動層板來因應不同的置放物品。至於餐櫃深度約為20～50公分較佳，有不少款式會因上下櫃功能不同而有深度差異。寬度則因有單扇門、對開門及多扇門的款式而不一樣，單扇門約45公分，對開門則有60、90公分，而三～四扇門的餐櫃多超過120公分寬。上方圖示利用壁面增設一處餐邊櫃，上層提供展示收納功能、下層則為封閉式的櫃體，其封閉門片式櫃體最大優勢就是能把物品隱藏起來，讓空間看起來整齊不凌亂。

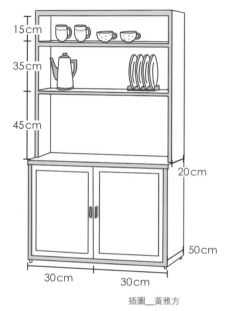

15cm
35cm
45cm
20cm
50cm
30cm
30cm

插圖__黃雅方

掌握好餐具尺寸，就能以最小空間達到展示目的。

Point 2　設置吧檯增加收納量

在開放式廚房增設中島吧檯，能增加收納空間，且讓採光視野不受拘束；如果再延伸吧檯創造高矮櫃、電器櫃等，又有相應的動線，會讓整體使用更為流暢便利。越來越多小坪數空間會選擇以吧檯取代正式餐桌，並且作為廚房延伸，另外身兼劃分餐廚區域的要角。吧檯檯面高度一般約90～115公分不等，寬度則在45～50公分；吧檯椅應配合檯面高度來挑選，常見有60～75公分高，就人體工學角度較為舒適。

吧檯可增加收納空間，並讓採光視野不受拘束。

1. 中島吧檯與餐桌各自獨立

餐廚空間配置為一字型廚房加上中島與餐桌獨立，通常空間深度足夠的情形下，能讓中島、餐桌各自獨立；若餐桌與中島垂直的情況下，深度至少需有390公分。另外除了結合料理空間，如果吧檯尺度夠寬，做完料理後也能直接在這品嚐，減少移動的不便。

將原本封閉式格局調整，以開放式設計連結客廳與餐廳，也讓屋主在下廚時能與家人有更多互動機會。

2. 吧檯結合餐桌

設計師利用室內採光明亮的空間特性，將客廳與餐廚區打造為開放式格局。並且增設一使用方便的吧檯，延伸為餐桌平台，這連續性的設計也讓單一空間場域能有了更多元的運用，合適的動線寬度也讓行走間沒有滯礙。

以灰白色水磨石打造的吧檯，作為備料使用，設計者結合L型實木平台延伸於中島周圍，增加機能性。

Area 5 ▶ 衛浴 Bathroom

現今房型多是雙衛浴，設計重點以實用為主，因此應先了解家中人口數，像是小家庭、三代同代就會略有不同。通常家中客衛都是小孩、長輩使用，規劃時應思考他們產生的盥洗用具，設計出能承載這些行為的平台。像是有小小孩的家庭，為了方便孩子洗手，避免因為不夠高而弄濕衣服，會特別設計離地約 30 ～ 40 公分的浴櫃，以便底下放個小矮凳。甚至，長輩偶爾會放眼鏡，也要設計臨時放置區域。由此可知，規劃衛浴最應考量空間與人的動態關係，才能定義該空間所要考慮的細節。

圖片提供__潤澤明亮設計事務所

根據使用者的年紀、習慣，與使用安全性設計衛浴收納。

📝 衛浴收納核心評估

空間位置

☐ 門後

☐ 壁面

☐ 其他

櫃體形式

☐ 門片式收納櫃

☐ 抽屜式收納櫃

☐ 開放式收納層板

☐ 吊桿

☐ 其他

收納需求

☐ 盥洗用品

☐ 衛生用品

☐ 清潔用品

☐ 待洗衣物

☐ 換洗衣物

☐ 毛巾

☐ 其他

Point 1 　垂直收納

在寸土寸金的有限空間，衛浴通常是被壓縮的區域，排除掉盥洗檯面、淋浴間、馬桶後，僅剩空間是要收納業主每天都會使用到的盥洗用具，包括牙膏、牙刷、刮鬍刀、毛巾、浴巾等，因此衛浴空間通常會以垂直收納為主，例如開放式層架、封閉式鏡櫃是最常使用的收納設計，但究竟哪一種適合業主？終究要回歸家庭成員的習慣與行為後，才能進一步規劃收納。

圖片提供__吾隅設計

在有限的衛浴空間，最推薦的收納規劃就是垂直發展，如在牆面釘上層板、馬桶上方架設檯面應用。

1. 開放式層架

為了爭取牆壁上方的最大空間，除了釘上開放式層架，轉角處、畸零角落也是最好的收納空間，只要設計符合該區規格的層架，浴室中的沐浴乳、保養品等瓶瓶罐罐就有自己的家。不過，開放式層架如同開放式書架的概念，一旦疏於收納，很容易顯得雜亂。

圖片提供__吾隅設計

善用衛浴空間的畸零角落設置簡單收納櫃，不僅能存放瓶瓶罐罐，還能修飾空間線條。

✕ NG 　浴櫃高度過高或過低

若浴櫃設計不符合使用者的身高，將會形成無用收納。深度需視洗手面盆尺寸而定，長寬則可依空間規劃。設置的高度則需彎腰不覺得過於辛苦，整體高度則約離地 78 公分左右。若是長者或小孩，則高度需再降低，建議至 65 ～ 80 公分左右。

2. 封閉式鏡櫃

由於衛浴空間的盥洗檯面通常不大，利用封閉式鏡櫃可輔助拓展收納空間，像是化妝品、保養品、隱形眼鏡用具、牙膏牙刷等都能放入鏡櫃，關起來就什麼也看不到，不僅讓盥洗檯面顯得乾淨整潔，若是造型時尚的鏡櫃還能點綴裝飾整體空間。

圖片提供＿吾隅設計

盥洗檯面通常不大，將原本上方的壁掛鏡換成封閉式鏡櫃，不僅增加收納空間，同時保留鏡子位置。

Point 2　實用美觀毛巾收納

盥洗用具中的毛巾，如洗臉毛巾、擦身體的大浴巾、擦手巾等，尺寸、功能各有不同，然而，必須在有限的衛浴空間收納且還不能顯得雜亂，被視為一門大學問。但毛巾也不是有空位就塞，仍要符合家庭成員在洗漱時的習慣動作，進一步規劃周邊的毛巾收納，才不會使用不便，最常使用的設計，以開放式毛巾架、封閉式浴櫃為主。

圖片提供＿吾隅設計

小小衛浴空間要承載全家人的盥洗行為，設計前應先了解家庭成員的需求與習慣，才能規劃合宜的收納機能。

1. 開放式毛巾架

使用後的毛巾因要保持乾燥狀態，因此常會規劃開放式毛巾架來晾乾，除了馬桶上方常見的壁面鐵製層架外，也可運用壁掛式的鐵網籃或鐵架，不僅通風透氣，還能營造角落風景。

✕ NG 浴櫃未考量防潮性

浴櫃材質首重就是防潮防水，除了傳統木櫃之外，發泡板其實更適合做浴櫃設計。其特徵在於類塑料材質，即使泡水中也不會腐爛，可依需求選用 12 公釐、15 公釐、18 公釐厚度，越好的發泡板內氣孔越小，較不易彎曲變形。

圖片提供＿吾隅設計

依據業主期望的衛浴風格，毛巾架也能成為營造氛圍的小配角，尤其開放式的造型層架更能展現出不同效果。

2. 封閉式浴櫃

封閉式浴櫃以收納乾淨毛巾為主，但近年也流行在櫃體安排兼具消毒殺菌與烘乾功能的抽屜格，可將使用完的濕毛巾放到這裡消毒、殺菌後，再烘乾，不僅省去清洗晾乾的動作，還能直接取用，相當便利。

✕ NG 浴櫃未考量收納深度

裝潢時須考量使用時順手能在鏡櫃取用物品的深度，避免太高或太遠。而鏡櫃門片又分為滑動式和開闔式，鏡箱內則以層板居多，建議上層可放瓶瓶罐罐，手可直接拿取，方便使用；下層則擺放擠壓式的牙膏、洗面乳等。

圖片提供＿吾隅設計

針對不善收納的業主，封閉式浴櫃最能遮醜，甚至也可設計消毒烘乾的抽屜格，省去洗毛巾的時間。

Area 6 ▶ 曬衣陽台 Balcony

曬衣陽台空間有限，必須滿足放置洗衣機、烘衣機、曬衣場、摺衣區、洗衣槽，以及規劃存放洗衣精、柔軟精、衣架等櫃體，坪數的確不能太小，但卻是最完美的生活空間。不過，曬衣陽台通常空間不大，僅能考慮洗衣、曬衣或烘衣等必要功能，收納概念如同衛浴環境，必須垂直向上發展，像是利用層架、架高型支架來活化洗衣機上方空間。此外，各種長柄型掃具可利用掛鉤吊於陽台區域的牆面，或在透風處的掛架統一放置，其他清潔用品可以收納在儲藏室或是陽台收納櫃中，最好不要離掃具區太遠的位置，不論取用或是歸位都能在同一地點，才能達到順手使用的效果。

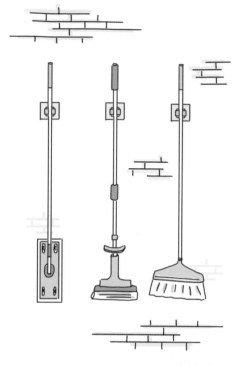

插圖＿黃雅方

長柄型掃具宜吊掛在陽台通風處統一收整。

📝 陽台收納核心評估

空間位置	櫃體形式	收納需求
☐ 門後	☐ 門片式收納櫃	☐ 洗衣機
☐ 壁面	☐ 抽屜式收納櫃	☐ 除濕機
☐ 其他	☐ 開放式收納層板	☐ 乾衣機
	☐ 吊桿	☐ 待洗衣物
	☐ 其他	☐ 清潔用品
		☐ 毛巾
		☐ 其他

Point 1　使用空間最大化

為了讓洗衣動線更順暢，通常會在洗衣機周邊設置髒衣服收納籃，若空間允許，可配置一個衣物籃，但場域有限的情況下，在洗衣機周邊組裝架高型支架，最能將小空間的使用度最大化，除了能晾掛衣物，還能配置收納籃來放髒衣服；預算較高者，可依洗衣機、烘乾機的配置來設計周邊櫃體，並搭配活動層板提高使用彈性。

圖片提供＿吾隅設計

曬衣陽台的收納機制多注重剛性需求，通常是垂直向上釘製層板架、櫃體來創造收納空間。

Point 2　洗衣機、烘衣機配置

以兩房的格局來說，曬衣陽台通常是 1 坪左右，放置一台洗衣機就滿了，這時挑選機型就非常重要，以洗脫烘洗衣機最實用，一機兼具三種功能，解決沒有空間曬衣服的問題。又或者，預算足夠的業主，可選購能疊放的滾筒洗衣機與烘衣機，若有剩餘空間，可依業主習慣評估是否設置洗衣槽，可簡單手洗衣物與晾掛。

Point 3　摺衣熨燙區

設計前應先了解業主需求，若是習慣將衣物收到室內摺疊、熨燙，就不用特別在曬衣陽台設置這類區域，以免佔用空間又不符家庭成員的生活習慣。但若是曬完或烘乾衣服，習慣在曬衣陽台摺衣或熨燙，就能設計一個平台或層板來使用。甚至也可將滾筒洗衣機與烘乾機平放，便成為現成的摺衣與熨燙衣物檯面，幫業主節省不少裝潢費用。

圖片提供＿吾隅設計

多數曬衣陽台偏小，往往連曬衣空間都不夠，因此洗脫烘滾筒洗衣機或堆疊式洗衣、烘衣機最能滿足家庭所需。

PART 2 私領域收納重點

Area 1 ▶ 臥房 Bedroom

臥房是每位家庭成員的休息空間,其中衣櫃、床鋪是大型必需品,而衣服、床包、被單等收納也不能省略,因此符合生活動線的同時又要看起來乾淨整齊,是居家設計中最為挑戰的區域,像是衣櫃與床的距離應保持在 60 ～ 90 公分左右,人在行走時才不會感到壓迫,開啟櫃門也才不會打到床鋪。若是有獨立空間放置床罩、衣物等大型物件還無妨,但大部分都是臥房兼具收納,例如沿牆面規劃衣櫃、運用床底拓展收納空間,甚至天花板夠高的話,還能設置層板放行李箱這類不常使用的物品。至於笨重的床頭櫃,則可將化妝檯放在床邊,延伸床頭櫃的功能。

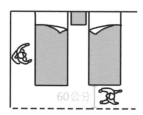

插畫__黃雅方

臥房內空間有限,需抓出最為適當的過道距離,動線才會順。

📝 臥房收納核心評估

空間位置	櫃體形式	收納需求
☐ 壁面	☐ 化妝檯	☐ 衣物
☐ 樑下	☐ 門片式收納櫃	☐ 飾品
☐ 柱間	☐ 抽屜式收納櫃	☐ 化妝品
☐ 架高地板內部	☐ 展示型收納櫃	☐ 書籍雜誌
☐ 隔間牆	☐ 開放式收納層板	☐ 家電設備
☐ 更衣間	☐ 地面上掀式收納櫃	☐ 嗜好蒐藏
☐ 畸零角落	☐ 其他	☐ 帽子包包
☐ 其他		☐ 其他

私領域包含臥房、兒童房、多功能室……等空間，可以透過架高地板、運用畸零空間、垂直爭取立面空間的方式增加收納空間。

Point 1 **決定衣物收納方式**

收納衣物並非只要準備好衣櫃即可，應了解業主與家庭成員的習慣、衣物種類，藉此釐清個人喜好，才能設計出合用的櫃體。舉例來說，衣櫃下層常用的抽屜規劃，除了拉籃已有既定尺寸外，可以配合使用者的需求來做高度設計，常見約有 16 公分、24 公分和 32 公分，分別適合收納內衣褲 T-shirt、冬裝或是毛衣等不同物件，變化性可說是相當高。以下為規劃衣物收納前必須了解的 4 個細節：

1. 衣服以掛放居多？還是摺疊衣物為主？
2. 內衣褲等貼身衣物習慣以收納籃整理，還是抽屜以分隔板來擺放？
3. 換季衣物都是怎麼收納？
4. 衣櫃除了擺放衣物外，是否還有包包、鞋子、帽子、手錶等其他配件需要收納？

攝影＿＿Amily

可針對使用需要，選用不同高度的收納格層作變化。

✕ NG **未活用門片收納**

臥房一般多為開門式衣櫃，門片內部也可吊掛飾品配件做收納，可多加利用，但如果坪數小則建議使用拉門式衣櫃增加房內空間。

訂製系統衣櫃的好處是能依據業主需求來客製櫃體內部，前提是要先了解自己的衣物屬性與收納習慣。

1. 訂製系統衣櫃

現今大部分的人都會訂製系統衣櫃，好處是能依個人需求量身訂做，不會被市面上的現成衣櫃限制。訂製衣櫃時，可利用前述 4 個問題來規劃櫃體內部掛放與摺疊衣物的比例，並依個人生活習慣額外增加衣櫃功能，如設置保險箱、鞋盒收納等。

2. 彈性更衣間

設置更衣間需要有一定的空間，中坪數以上的臥房較不會影響其他格局的配置，也曾有兩套衛浴房型的業主，願意犧牲主浴來改成更衣間。通常更衣間放置衣物的櫃體可分為開放式與封閉式兩種，前者能直接看到所有衣服，後者則是規劃櫃門，不讓衣物外顯，使整體空間看起來更簡潔。

更衣間勢必會吃掉部分的室內空間，但因為是獨立換衣空間，即便大部分都是開放式衣櫃也不會顯得雜亂。

圖片提供＿禾邸設計

提供給親友暫時入住的客房空間裡，不需要過多的收納量。因此，將入住時客人所需的收納需求，盡量透過角落空間設計到位。

3. 開放式衣櫃

延伸整體空間以現代風飯店規格的設計，此空間作為客房，不需過多收納量。扣掉大門寬度後，利用入口處的深度，置入所有收納形式，包含穿衣、吊衣、展示與矮櫃抽屜等機能，打造簡約、完善機能的更衣區。

4. 獨立式更衣間

更衣間只有 2～3 坪空間，為了保持流暢動線、與主臥的互動性，以及滿足多元收納機能；利用玻璃拉門的通透性，以及形成的回字形動線，彈性區隔主臥空間，產生良性互動。更衣室內部分別為衣櫃、收放行李箱以及化妝檯機能，而腰部以下的櫃體，結合抽屜形式的五斗櫃，避免遮住採光，視覺更為延伸。

圖片提供＿禾邸設計　　圖片提供＿禾邸設計

更衣室擁有三面牆作為收納機能的利用，腰部以上櫃體採開放式、懸掛衣物方式，腰部以下結合五斗櫃來折放衣服，讓空間享有充分採光與視覺延伸性。

一般來說，衣櫃基礎規劃多可分為衣物吊掛空間、折疊衣物和內衣褲等的收納區域，以及行李箱、棉被、過季衣物等雜物擺放。就現代衣櫃最常見的 240公分而言，若非特別需求，多以吊桿不超過 190 ～ 200 公分為原則，上層的剩餘空間多用於雜物收納使用，而下層空間則視情況採取抽屜或拉籃的設計，方便拿取低處物品。並且考慮層板耐重性，每片層板跨距則以不超過 90 ～ 120 公分為標準。

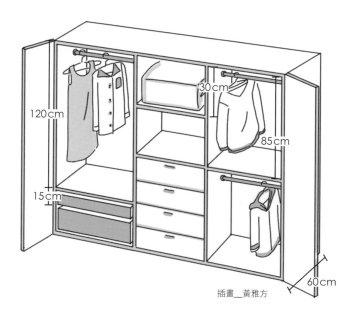

插畫＿黃雅方

除了衣物，衣櫃通常還需收納襪子、帽子、棉被等，櫃內層板高度最好是有孔洞固定栓以便隨需要調整。

✕ NG 吊掛衣物掛得太擠

吊掛衣物千萬不要掛得過擠，掛得過於緊或密，拿時既不順手，衣架也沒有呼吸空間。再者，過於緊密，亦可能發生衣架互勾，取時衣服滑落，甚至造成衣物上的珠飾摩擦、勾扯等情況，這些都會影響衣服拿取時的順暢度。

Point 3 **化妝檯不只有化妝功能**

對多數女性來說，都會有化妝保養的需求，但是否要在臥室特別規劃化妝檯
呢？其實，在空間有限的房子裡，各區域的邊界應盡量模糊化，才能有效利用
空間，對應到化妝檯也是如此，若是特別定義它是化妝檯，那麼業主下意識會
認為只有化妝才需要使用它；若是不幫它特別貼標籤，化妝檯也能當作書桌使
用，閱讀書寫都能在此完成，功能性也更豐富。

1. 化妝檯結合書桌

業主若有化妝、閱讀、輕辦公等習慣，建
議運用化妝檯結合書桌的設計，也就是化
妝桌檯面是上掀式鏡蓋，打開是能擺放彩
妝、保養用品的多格收納，蓋上後則變成
小桌子，可閱讀書寫、使用 3C 產品等，
適合小空間的族群。

圖片提供＿吾隅設計

現今流行多功能化妝檯，讓化妝保養、閱讀書寫都能在此完
成，盡可能減少其他傢具佔據空間。

❌ **NG** **沒有為美妝品設置收納空間**

化妝檯面擺放高矮不一的化妝品，會讓
臥房視覺看起來相當凌亂，一般來說，
女性美妝品各式眉筆、唇筆等收納，建
議與飾品、保養品一同規劃在化妝檯，
除了選擇一些現成的展示架進行擺放，
若想收納在抽屜裡，則可以依照個人需
求，進行一些簡易分格，抽屜高度大約
8～12 公分就可以了。

2. 訂製化妝檯

不買現成化妝檯已成為時下主流，除了特別訂製之外，利用櫃體延伸檯面當作簡易化妝檯，能讓空間氛圍更一致。但規劃前要注意的是，必須了解業主的生活習慣，滿足化妝檯該有的基本功能，如收納保養品、指甲油、彩妝，甚至是飾品等空間。瓶瓶罐罐高度不一，強制設定一個收納高度反而不好使用，不妨在化妝檯面設計一個高度 15～ 20 公分的小凹槽，就能一次解決各類高矮化妝品的收納需求了。

圖片提供＿吾隅設計

不想買現成化妝檯也能延伸櫃體層板作為桌面，整體空間氛圍會更一致。

Point 4 **運用技巧提升收納坪效**

小坪數居家該如何偷空間提升收納坪效，扣除室內可用空間，有時臥房未必能分配到較充裕的坪數，若是如此，建議可將衣櫃沿床舖兩旁增設及頂衣櫃來提升收納；另外也可利用轉角空間來設置旋轉式收納衣架，配置保養品櫃或置物櫃，再作為收納其他生活保養品、備品的擺放之處。

插畫__黃雅方

旋轉式活動衣架能有效運用角落畸零空間。

✕ NG **未活用床舖底下空間**

小坪數居家必須增加空間坪效，床下收納是儲放物品的好選擇，不過為了符合方便上下床的人性高度，櫃體高度大約取 30 ～ 50 公分為最佳，同時要考量床墊載重問題，利用地坪墊高的手法，可聰明擷取床下的空間，作為向下延伸的收納利用。

Point 5 **依業主需求設計床頭櫃**

依據業主的需求不同，床頭櫃可以是一個檯面，也能是一種收納空間，甚至還能化解頭上橫樑的風水疑慮。床頭櫃功能變化多端，舉例來說，床頭板向上延伸結合櫃體，不僅多了存放物品的空間，也能減少牆面製作櫃體所帶來的壓迫感；又或者捨去床頭櫃，改以床邊桌的活動傢具來取代，不僅造型多樣活潑，還保留更多空間的彈性。

圖片提供__吾隅設計

床頭上方的壁面千萬別浪費，設置開放層架或封閉櫃體都能增加小物件的收納。

1. 床頭結合櫃體

可將床頭櫃視為一個桌面或櫃體,例如向上延伸出收納櫃,或是釘製開放式層架、洞洞板來活化牆面空間。甚至,也能將書桌放在床邊,承載床頭櫃的功能,一旦各類傢具都能彈性配合各種場景,生活也會變得更加便利。

圖片提供＿吾隅設計

不想在床頭上方設置櫃體,也可向左右兩旁延伸邊几,一樣具備床頭櫃的功能。

圖片提供＿禾邸設計

為了修飾大樑以及窗邊畸零結構的絕佳運用，利用門片造型整合牆面與收納功能，創造兼具美感與機能的立面。

2. 立面結合床頭櫃

整面床頭牆只有靠窗處安排櫃體收納，整體設計是機能與視覺美感的結合。床頭牆透過漸層門片高度堆疊的立體方式，整合牆體造型與收納機能，相較於一般平面牆的設計，更顯獨特與美感；而視覺的層次堆疊，也有助於延伸空間尺度。屋主睡前有閱讀的習慣，利用窗邊凹陷結構規劃櫃體設計，作為書籍的收納處。

Area 2 ► 兒童房 Children's room

兒童房的配置應以父母視角來考慮收納空間，由於孩子成長速度很快，每個年齡階段都會有相應的生理需求，建議 2／3 的傢具以活動式最好。以書桌為例，若是孩子還沒上小學就先做好固定式書桌，萬一長大後身高不適合，到時拆掉重買又是多花一筆錢。再加上孩子終究會成家立業，這時空出的房間若多是無法挪動的大型傢具等，會大幅降低使用率；反之，若是活動型傢具居多，清理掉後，還能視需求活化利用這個空間。

圖片提供＿吾隅設計

不大的房間裡，可先設定出床位與書桌區，接著利用床周邊來滿足收納。

📝 兒童房收納核心評估

空間位置	櫃體形式	收納需求
☐ 壁面	☐ 門片式收納櫃	☐ 衣物
☐ 樑下	☐ 抽屜式收納櫃	☐ 飾品
☐ 柱間	☐ 展示型收納櫃	☐ 書桌
☐ 架高地板內部	☐ 開放式收納層板	☐ 書籍
☐ 隔間牆	☐ 上掀式收納櫃	☐ 嗜好
☐ 畸零角落	☐ 現成傢具	☐ 書包
☐ 其他	☐ 其他	☐ 其他

圖片提供＿吾隅設計

因應孩子成長階段的不同需求，兒童房的收納配置盡量以活動式傢具為主。

Point 1 利用導圓角設計櫃體增加安全性

由於小孩子喜歡追趕跑跳，難免不小心會跌倒碰撞，一旦撞到 90 度的直角櫃體，很可能會受傷。因此，建議兒童房在規劃櫃體時，應考量小孩經常使用的動線，或在櫃體轉角處增加約 1～2 公分的安全弧度設計，不僅不會吃掉內部的收納空間，還能提高居家環境的安全性，但因為必須人工處理櫃體的導圓角，所以成本會高出許多。

Point 2　善用童趣元素融入櫃體

打造兒童房時，總希望營造出活潑有趣的歡樂氣氛，但前提是要根據空間布局而定。通常童趣元素會融入在櫃體或床，例如床頭櫃上方設計一款房子造型的櫃體，兼具收納與活潑元素。但在空間有限的情況下，若是做了造型化櫃體，很可能會縮減收納空間，這時可利用門片跳色或是更換具造型的可愛門把，都能將稀鬆平常的櫃體，點綴出溫馨童趣的氛圍。

造型收納櫃能增添童趣元素，或是利用跳色門板、造型門把也能打造活潑氛圍。

Point 3　大量運用活動傢具

考量孩子每個階段的成長需求不同，盡量使用活動傢具能增加空間的彈性。舉例來說，床鋪、書櫃、書桌都適合購買現成的，尤其又以書桌的替換性較高，例如小學生的機能型成長書桌與高中生使用的書桌就不一樣，而書櫃也會隨著孩子長大，存放的課外書越來越多樣，若是之前規劃好的固定式書櫃不符合書籍尺寸，反而會使陳列更加雜亂。

兒童房除了衣櫃可做固定式以外，其餘收納櫃、書櫃建議以現成傢具為主，也可利用洞洞板增加牆面收納。

室內空間需要有更大的使用彈性，才能因應孩子生長變化過程中的不同收納需求。

圖片提供＿吾隅設計

Point 4 　**使用活動層板或抽屜以利未來調整**

小朋友長大的速度很快，因此並不需要為現階段特別設計，以免長大無法延續使用。建議以一般尺寸製作即可，內部則以活動式層板或抽屜，以利未來的調整。小朋友的身高較矮，收納衣物位於下方較合適，才能方便他們自己拿取。建議可降低吊衣桿上方空間，空出來收納玩具。除了常穿的衣物之外，小孩子其他衣物的取放，通常以大人代勞較多，因此適合以拿取便利的分格抽屜收納，不常用的或是特別的衣物，則可以掛鉤方式收納。

✕ NG 　**未將孩子的身高列入櫃體規劃考量**

應以小孩方便拿取的高度規劃櫃體，小孩身高較矮，以其平視高度規劃，放置常看或喜歡的書，其他少看的書才放到較難拿取的位置，依小朋友身高限制，上端構不到的書就避免放置，或在此放置其他物品。

Area 3 ▶ 多功能室 Multi-funtional room

使用者習慣跟真實需求程度的釐清非常重要,很多人是「看別人有很想要」,但其實沒有習慣,那就浪費了。與其規劃一間獨立的書房或是客房、和室,設計師王采元更經常使用休憩平台設計,整合收納、閱讀或是親友留宿使用,反而會更實用。而多功能室的形態也不一定是獨立房間,有時會是客廳一角,或是與餐廳合併使用,如何收整才能快速使用、快速歸位,才是收納設計的重點。

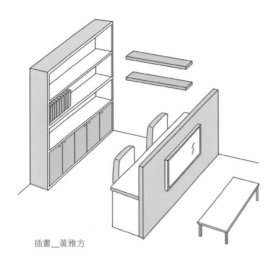

插畫__黃雅方

如果藏書真的很多,但空間上又有所限制,可以讓出一整面的空間牆,安插著不同材質或顏色的櫃體收納設計。

攝影__汪德範　圖片提供__王采元工作室

休憩架高平台不但是女主人閱讀工作的舒適角落,當外孫來訪就成為含飴弄孫的玩樂遊戲區域,同時隱藏滑門,即便需要過夜也享有隱私。

📝 多功能室收納核心評估

空間位置	櫃體形式	收納需求
☐ 壁面	☐ 門片式收納櫃	☐ 書籍
☐ 樑下	☐ 抽屜式收納櫃	☐ 蒐藏展示品
☐ 隔間牆	☐ 展示型收納櫃	☐ 行李箱
☐ 窗台臥榻	☐ 上掀式收納櫃	☐ 寵物用品
☐ 起居空間	☐ 開放式收納層架	☐ 遊戲設備
☐ 其他	☐ 其他	☐ 其他

圖片提供＿王采元工作室

書房收納需要回歸到每個業主實際使用的習慣。

Point 1　書房機能收納

回歸到每個業主實際使用的習慣：有沒有堆書的需要（做研究或愛廣泛閱讀的人，不一定讀完一本才拿下一本）；書架不要有門（真的常看書的人，打開門拿書是很困擾的事情）；書桌位置則得看業主個性是需要安全包覆，還是喜歡視野開闊，另外一定要有方便取用文具的抽屜。礙於空間限制，書房並不是每個家庭都一定擁有的空間，但凡是電腦使用、閱讀、寫字等進行這些動作的區域，都可以被定位為「書房」。

✕ NG　設置太多系統櫃，看起來很擁擠

書房的坪數通常不會太大，若是設計太多系統櫃，會讓人感覺相當窒息。此時可以色彩的轉變來跳脫規律性，由 40 個正方形的木格交疊而成書的收納櫃，乍看之下是一完整櫃體，再穿插以色彩轉變來跳脫規則性排列。好處是書櫃本身沒有做死，可堆疊和移動的特性，代表靈活性高，而跳色手法可以讓視覺上多分俏皮性，既兼具了書房的收納，看起來也輕盈活潑。

圖片提供＿SOAR Design 合風蒼飛設計 × 張育睿建築師事務所

運用複合式設計的木色櫃體和淺色木地板，交織鋪成輕淺色調的陽光書房。

1. 書房、起居室與遊戲室合一

建築師張育睿打造一處可當書房、起居室與遊戲室的多功能空間，並且配置大尺度的收納櫃，一部分為展示書櫃使用，放置書籍，也因為展示櫃裡能放置的內容物面向多元，所以增設層板，讓置物空間能靈活運用；另一部分則當作隱藏式收納櫃，儲存衣物或家中雜物，發揮了櫃體的多重置物效果。同時也在臨窗區域設計了方便坐臥的臥榻，提供客人來訪時可以臨時住宿的場域。

✖ NG 層板跨距超過 120 公分

對書房而言，最常見的即是讓櫃不只是櫃，而是能夠展現多樣機能，例如連結桌子，更甚至沿著牆面、天花板、地板等增設機能性，像是在牆上設置層板。為了支撐書籍的重量，櫃體層板厚度大多落在 4～6 公分左右，層板的跨距則應為 90～120 公分，如果跨距超過 120 公分，中間則要加入支撐物，以避免出現微笑層板的問題。

圖片提供＿SOAR Design 合風蒼飛設計 × 張育睿建築師事務所

空間以木質調串聯了天花板、壁面至櫃體收納與書桌，以接近自然原色的材質強調家的舒適感。

2. 現成傢具與上櫃形成書房

書房打造寬度約 210 公分、深度 45 公分的上層隱蔽櫃體提供物品收納，中段牆面為礦物漆料作基底，並用於黏貼便利貼，方便工作使用。另外結合長度約 240 公分、深度約 75 公分的長桌，讓屋主能在此處湧現靈感、靜心寫作。

3. 訂製書桌與書櫃

書房在訂製木作櫃體的安排下，讓相關設備或書籍等可以有秩序地做好收放與歸類。建築師張育睿在桌子的兩側設有鋼鐵吊索，足以支撐桌子的重量；隱藏櫃體也沿牆離地設計，形塑空間中帶有懸空的輕盈飄浮感。

圖片提供＿SOAR Design 合風蒼飛設計 × 張育睿建築師事務所

搭配層板創造出展示層，而木元素將不同形式的收納設計做連結，形成書房的美麗端景。

攝影＿汪德範　圖片提供＿王采元工作室

Point 2　和室機能收納

規劃和室收納時，收納櫃在空間中的「位」必須適當，另外和室開啟時與周圍空間的關聯，同時考慮各種使用者的適用性，像是要方便把被褥收進櫃中的高度等考量，而相較於上掀收納櫃的門片重難以開啟。此外，設計師王采元建議以深抽屜取代，收納的深度建議做 35～100 公分，過深就不容易拿取。而為了地板的支撐力，收納的部分通常採格狀，建議每一格都做分類區分，不要亂放一通，才方便找尋物品。

✕ NG　地板架高抽屜深度超過 1 公尺

和室地板櫃的設計，普遍是做成上掀式的九宮格狀，另一種較實用的做法是側邊做抽屜。抽屜好開，東西也好拿取，不過深度最好不要超過 1 公尺，一來放滿東西後會太重，若五金滑軌用的等級不夠，會不好開，二來和室前方也得留開抽屜的空間，不然無法完全打開。

Point 3 **客房機能收納**

房價很貴，要讓空間最大化利用，所以一般來説，建議如果非得要預留客房設
計，可規劃為半開放空間，搭配畸零處做書架與衣櫃，盡量保持空間完整性，
讓客房兼具閱讀、休憩等多元機能使用，床鋪部分最好做高架平台，減少傢俱，
下方還可以做深抽屜，上方有時可利用空間做收納天花，達到充分的利用。

攝影＿＿汪德範　圖片提供＿＿王采元工作室

寸土寸金的台北更要有效率地使用每一個空間，公共場域規劃休憩平台空間、朝客廳與視聽區開放，平常小孩在此玩耍可
方便爸媽看顧，同時配有拉門彈性做區隔，又能變成一間獨立的客房。

畸零區收納重點

Area 1 ▶ 牆面柱體 Entrance

台灣住宅空間裡樑柱結構多，容易造成室內有零碎、不完整的小空間。善用牆面柱體這些畸零空間，轉化為收放日常用品的收納機能，就能大幅提升空間坪效。可沿著動線規劃上思考，讓畸零空間作為補強主要領域的收納機能；如果是開放公領域，利用壁龕的設計方式，除了提高收納量之外，更重要的是，融入業主生活品味與習慣，創造展示區的功能，還可提升視覺美感。

圖片提供__吾隅設計

善用畸零空間，轉化為收放日常用品的收納機能。

📝 畸零區收納核心評估

空間位置	櫃體形式	收納需求
☐ 壁面轉折處	☐ 展示型收納櫃	☐ 書籍
☐ 零碎空間	☐ 門片型收納櫃	☐ 蒐藏展示品
☐ 其他	☐ 開放式收納層架	☐ 衣服
	☐ 其他	☐ 其他

畸零區多半空間不大且難以設計，雖然侷限於它的形狀，但只要「順勢而為」，依據畸零區的形狀、尺度、現場所需功能來設計應用，也能成為最美麗的角落風景。

Point 1　沿牆規劃衣櫥或收納櫃

被視為浪費空間的畸零角落，只要根據樑柱結構賦予收納功能，缺點也會變優點。但畸零區也要視出現的所在區域與業主收納需求來規劃，舉例來說，業主希望能展示一些具特色的餐盤杯具，若畸零區在客廳或餐廳，可順著內凹深度、形狀來設計開放或封閉式收納櫃；但若是在臥室，可考慮沿牆做衣櫃來弱化畸零區；若剛好大樑壓在床頭，則可延伸成收納櫃，成為一種不佔空間的聰明設計。

圖片提供＿吾隅設計

樑柱構成的畸零角落，可依據形狀、深度來設計櫃體或層板，常能成為最漂亮的室內風景。

Point 2　斜角規劃收納機能

室內擁有斜角格局，將背牆拉為方正，形塑方正的客廳空間；背牆後方為臥室區，發揮在有限空間裡置入最大機能、創造最高坪效的思維，順著壁面設計收納機能。窗邊兼具臥榻高度的低矮檯面，延伸至另一側，轉為兼具更衣、收放衣物、配件的多元收納，平台更成為擺放行李箱的絕佳空間；下方皆以格柵造型安排，展現視覺活潑度。

圖片提供＿禾邸設計

上方懸掛日常穿搭的衣物，下方結合格柵抽屜，收放摺疊好的衣褲，拉開櫃體時，物件分類一目了然，拿取十分方便。

利用餐桌旁突出的柱體嵌入層板、規劃開放展示區；可收納屋主經常使用的茶罐等具美感的瓶身，創造生活儀式感。

Point 3　壁龕設計增加空間坪效

為了讓大門一打開，就能看見美麗的畫面，特別在客廳、廚房交界的凸出面，規劃能擺放茶杯、茶罐等生活小物件的微型展示區。如此一來，透過美麗的瓶身與包裝，可增加些許美化、裝飾效果，而如此畫龍點睛的展現，呼應細部收納重點不在多，而在巧，透過展示精美質感為主，就很加分。

Point 4　善用承重牆讓空間透氣

承重牆是不能破壞的牆面，雖然不能做入牆式櫃體，但能倚牆而建，無論是吊櫃或是落地櫃都能做。不過，仍要視該區空間與生活場景的應用而定，由於承重牆給人的視覺感較厚重，挑空的收納櫃、吊櫃等收納設計，可讓整體空間更加透氣，原先的沉重感也因櫃體的點綴而轉移注意力，不僅視覺輕量化，也增加收納空間。

承重牆是不能破壞的牆面，雖然不能做入牆式櫃體，但能倚牆而建，可讓整體空間更加透氣。

[Point 5] **利用格局缺陷創造收納**

此案為中古屋翻新，擁有零碎格局，原本廚房側邊的邊間房，是由建築傾斜面所包夾而形成的區塊，經設計師安排下，規劃為廚房空間的開放食物儲藏間。右側安裝 6 層厚木質層板，可擺放杯盤器皿等五件；左側則直接在斜牆上搭配掛鉤設計，可懸掛平底鍋、瀝水籃、砧板，以及分類垃圾桶，一目了然，達到易清潔、好收納的優點。

[Point 6] **內縮牆面做收納**

空間中常因為樑柱或是結構面問題而有些畸零地，其中大家最為熟知的應該是以往透天房常會將樓梯下方空間做成置物櫃，而今大樓更是會因為隔間而出現五花八門的畸零空間，善用此空間做成收納，不僅可以柔和視覺上的段差，也能安放特色物品。利用層架做成展示櫃，或者是封板做成收納櫃，抑或封板挖洞再搭配燈光也能做出有如畫廊的特色展示櫃。

圖片提供＿宅即变空間微整型

廚房空間不大，因此以料理為主、簡化收納量，且善用一旁邊間房空間，置入收納機能，打造便利的煮食生活。

圖片提供＿日作空間設計

配合空間中恰巧有的內縮牆面做成業主到世界各地蒐藏的杯具，不僅是收納，更是展現業主性格的特色牆面。

1. 開放式展示櫃

收納也是展示業主個性與特色的重要關鍵，透過開放式展示櫃，可以擺放業主特有蒐藏，像是黑膠播放器、公仔，又或者是書籍、器皿等等，不同物件搭配不同厚度、深度隔板加以規劃，可以讓人一踏入空間內彷彿跟使用者產生互動一般。此外，可依據不同物品再規劃是否需要增加玻璃面板，以方便清潔。可使用燈箱、嵌入投射燈都能達到有如藝廊般質感，又或者搭配不同層版顏色也能創造出空間內不同風格的視覺端景。如果擔心未來想要展示物品大小有別，那不妨考量可自由變化的洞洞板，隨心所欲創造空間變化的樂趣。

2. 可開放可封閉展示櫃

收納不僅只有可視、不可視兩種可能性，搭配推門也能替空間增加一些「隨機魔術寶箱」的可能性。當來訪客人對談投機時，彷彿打開藏寶箱一般推開黑板牆介紹私房蒐藏，搭配燈管照明，會讓人有柳暗花明又一村的驚喜。

選擇可開放、可封閉的收納形式，為居家設計創造驚喜。

圖片提供＿日作空間設計

圖片提供__湜湜空間設計

吧檯與電視牆之間預留約 100 公分的走道空間，可避免影響動線，將電器櫃設計於中島桌下方，保留視覺的簡約調性。

Point 7 修飾柱體同時增加收納空間

內部坪數僅有 18 坪，在廚房與客廳之間的走道有一大樑柱，為了減弱樑柱的視覺感，以其為軸心改造為餐廚區收納櫃，並結合了吧檯中島桌，滿足屋主希望餐廚空間為半開放式的期待。利用原有的柱形，向外做半圓形的延展，並製作木作造型予以包覆，賦予空間柔和線條。層板以鐵件製作，以達視覺輕量化的效果，將鐵件裁切為圓弧狀，扣合圓形木作外框，3 公釐的鐵件層板亦滿足承重需求。

圖片提供__湜湜空間設計

利用原有的柱形，向外做半圓形的延展，賦予空間柔和線條。

Area 2 ▶ 樓梯 Stairs

樓梯不只有串聯上下的功能，階梯的下方空間若懂得妥善利用，會是收納的好地方，一般樓梯每階高度：18～20公分、深度則為25公分以上，因此居家若有樓梯的安排，其結構體下方多出的空間，可配合樓梯造型施作一個儲藏空間，但究竟要規劃成什麼樣子？還是端看樓梯位置和使用者需求而定。其中最常見的就是藉由抽屜或門片設計配合梯身形狀，規劃成大型抽拉櫃或是儲物櫃，若將臥房規劃在空間下層時，也可能出現書桌、衣櫃甚至是冰箱或酒櫃等方式。若剛好在廚房旁，正好利用為擺放電器和雜物的收納櫃，甚至可以嘗試結合樓梯與夾層，透過複合式設計的簡約線條，讓空間有放大效果，豐富的藏書也能成為具人文氣息的牆面風景。

📝 樓梯收納核心評估

空間位置

☐ 樓梯下方

☐ 樓梯側面

☐ 樓梯壁面

☐ 其他

櫃體形式

☐ 展示型收納櫃

☐ 抽屜式收納櫃

☐ 開放式收納層架

☐ 其他

收納需求

☐ 書籍

☐ 蒐藏展示品

☐ 其他

圖片提供__吾隅設計

直梯空間若夠寬裕，沿牆能設置開放或封閉式書櫃，甚至樓梯下方也能做個小書櫃或收納櫃。

弧形樓梯通常會有中間大樑和牆壁之間的三角內凹區域，喜歡閱讀的業主可將此區做成書櫃。

Point 1　利用樓梯牆面做書櫃

喜愛閱讀、藏書多的業主，若是居住樓中樓的戶型，因屋內有樓梯，可考慮沿著樓梯牆面做書櫃。但要注意的是，若是樓梯空間較狹小，不建議在牆面設計書櫃，以免得不償失。不過，若是樓梯空間寬裕，無論是弧形樓梯、直梯，都能利用垂直空間來收納書籍，通常會以中間大樑和牆壁之間的三角內凹區域做成書櫃，活化樓梯間垂直動線的使用率。

Point 2 **樓梯下方空間做收納**

對於寸土寸金的小坪數居家，即便樓梯下方也得好好利用才行。此案在樓梯下方有個很深又很大的畸零空間，但高度並不高，約 130 ～ 140 公分左右，女生走進去可能要彎下腰，設計師謝媛媛將此空間一部分留給一樓主臥做比較低矮的收納，剩下的部分則是分到樓梯下方做開門收納。

攝影＿蕭探　圖片提供＿素樂研舍空間設計

只要能做儲物空間的地方，都盡量善加利用。

Area 3 ▶ 走廊 Corridor

什麼樣的儲藏室可以不犧牲家中使用空間，又能具備獨立收納的可能？利用走廊重新整合空間坪數與機能，再透過與走廊平行的做法，使收納空間與走廊區域重疊，進而拓展出更完整的收納深度。例如選擇收納隔間牆的方式，將其中一房的隔間牆拆除改以展示櫃作為隔間，就能讓走廊同時擁有收納的功能。值得注意的是，若以櫃子代替隔間牆，雖然可以讓走廊變成收納空間，但也會影響到另一房的空間感，這時只要使用 25～30 公分深度的展示櫃就能滿足走廊收納又不會影響空間大小。

📝 走廊收納核心評估		
空間位置	**櫃體形式**	**收納需求**
☐ 壁面	☐ 展示型收納櫃	☐ 書籍
☐ 門片	☐ 滑動收納門片	☐ 蒐藏展示品
☐ 樓梯壁面	☐ 開放式收納層架	☐ 雜物
☐ 窗邊	☐ 抽屜	☐ 其他
☐ 其他	☐ 其他	

圖片提供＿SOAR Design 合風蒼飛設計 × 張育睿建築師事務所

臥榻是空間內一物多用的配置，常見配置於臨窗處，讓屋主能在溫暖陽光下小憩、享受悠閒時光。

Point 1　利用架高臥榻做收納

當空間因格局問題而產生的畸零處，如果空間深度超過 20～30 公分，能利用架高臥榻或櫃體來修補畸零空間，一來可以修掉壓樑問題，也可以增加空間收納，就機能上來說可說是一舉多得。在強調整體風格的公共場域，例如客、餐廳，或是狹小難解的畸零區，通常可以選擇造型變化性高、木皮選擇多樣化的木作櫃，來打造居家風格，甚至還可以帶出畫龍點睛的效果。

Point 2　考量走廊動線做收納

收納不是只是考量收，必須符合「即用即取」，才可說是最佳收納規劃。因此逐一清點物件，重整空間動線，若是走廊能夠規劃出適切的物品收納，盡量善加利用。不論是採用展示方式、隱藏式收納，第一優先重點就是須先釐清使用性，再依據室內空間動線加以規劃，才能準確規劃出物品「使用地點」與「收納位置」的最短距離，達到生活舒適又便利的最終目標。

依據室內空間動線加以規劃，並懂得善加利用走廊立面，就能準確規劃出物品「使用地點」與「收納位置」的最短距離。

圖片提供＿吾隅設計

雙面式收納牆面能讓走道邊有展示牆，而另一邊可真正收納物件。

1. 開放式書櫃

因應業主有大量書籍收納需求，因此將書房靠走廊牆面做成開放式書牆，但因走廊不太合適過於狹窄，因此把書櫃厚度往書房內推，雙面開放式設計，並將厚度單側規劃約 30 公分深，方便取書外，當斜視時又能維持空間內的整潔性。中間採用玻璃隔板，不僅引入窗光到走廊，同時又能保留書房本身需要安靜的功能性。

2. 封閉式收納櫃

因應現下人們的生活多為網路購物，會有大量紙箱存放，又或者是生活中有許多東西只需外出使用，例如傘具、嬰兒推車、高爾夫球具等等，因此善用廊道空間做收納，不僅要用即拿、實用性高，1 坪多空間搭配活動層板，可收納業主大大小小不同物品，也能達到家居空間不被干擾的一致設計感。

Point 3　**地板架高底部做收納抽屜**

在地坪寸土寸金的畸零處，連光線也相當珍貴，為了避免客廳及整體格局因房間的遮擋而顯得陰暗，建築師張育睿將臨窗區域架高底部，形成可坐可躺的臥榻和收納空間，更成為屋中有趣的角落。尺寸拿捏上，考量臥榻的深度與使用方便，臥房設計深度 35 ～ 40 公分的抽屜櫃體，中央因位於走道而栽種小樹，讓空間徹底使用，也創造有生命力的空間氛圍。

臥榻施作主要為櫃體和櫃體門片兩部分，材質要注意承重力；並依照使用需求，決定高、寬度，符合人體工學，使坐、躺皆舒適。

圖片提供__ SOAR Design 合風蒼飛設計 × 張育睿建築師事務所

圖片提供__ SOAR Design 合風蒼飛設計 × 張育睿建築師事務所

大中小坪數收納重點

圖片提供＿渥渥空間設計　　　圖片提供＿渥渥空間設計

● 小坪數收納重點

在坪數較小的住宅中，由於收納空間較為受限，在思考收納設計時，可利用機能重疊的方式進行整合。例如增加櫃體的使用面向，使動線上的多個方向都能共同使用；以及考量使用時間的差異性，讓單一區域的收納櫃體可以滿足多種使用時機。將樑柱改造為壁櫃的做法亦能有效增加收納效益，安裝展示層板便能收納生活小物，也能達到美化樑柱的效果。

☐ 釐清個人收納習慣與需求，分區進行收納

在坪數較小的空間中，務求提高收納效率，因此建議先釐清個人的收納習慣以及需求，並且養成分區收納的觀念，避免全室收納雜亂，造成堆積陳年舊物，或者遺失物品的情況。

☐ 妥善分配展示與雜物收納

展示功能與雜物收納功能的櫃體，在設計上會有差異，例如在櫃體深度、櫃門設計……等處，妥善劃分櫃體功能性，能讓空間的視覺感更加俐落簡潔，使用上也更加便利。

☐ 利用活動傢具增加收納

小坪數的空間，可製作櫃體的牆面也相對限縮，必須避免過多的櫃體影響動線，此時可利用具有收納空間的活動傢具增加收納效能，例如：上掀床、推車櫃體，或者可收放雜物的椅凳……等。

有限的坪數裡，最常見的問題便是——散亂的衣著雜物、狹隘的空間感和不順手的生活動線，但只要設計得當，這些狀況在入住前就能輕鬆解決。以下來看看大中小坪數各自需要注意的收納重點為何？

圖片提供＿SOAR Design 合風蒼飛設計×張育睿建築師事務所

圖片提供＿SOAR Design 合風蒼飛設計×張育睿建築師事務所

● 中坪數收納重點

以 30 坪左右的中坪數來說，設置儲藏室綽綽有餘，建築師張育睿在做設計案時，如果坪數允許的狀況下，都會幫業主做儲藏室，不僅能夠放置大型傢具，如健身車、嬰兒車等，也適合收納家電等，將難以收納的物品通通化繁為簡，全面隱藏。本案打破格局和空間侷限，讓使用場域的行為與視覺能延伸擴展，透過打通外牆與室內隔間，引入日光、氣流、戶外植栽等景觀，讓坪數能夠發揮最大效用。

□ 將電視牆改為儲藏室間遊戲空間

建築師張育睿將建商規劃為電視牆的區域改為儲藏室，高度不做到整面牆，只做到 2／3 的高度，在業主輕易可以取得東西的地方做收納，上面空間做個樓梯，變成小朋友的遊戲空間，成為他們的秘密基地，刻意透過弧形設計做出山洞造型。

□ 中島吧檯搭配開放層架

餐廚空間以開放式櫃體與層架，一方面讓視覺不致於擁擠，另方面提供餐廳與輕食料理檯的機能收納，提供杯盤陳列、咖啡機或食物儲藏。巧用屋內的環形廊道製造風的通道與開放的場域，讓家人能共處於客廳、餐廚空間分享日常。

圖片提供＿吾隅設計

圖片提供＿吾隅設計

● 大坪數收納重點

以 60 ～ 100 坪左右的大坪數屋型來說，在劃分空間與各區域的收納雖然相對容易，但在規劃收納機能時須注意比例與美感上的呈現，以及空間尺度的配置要大器而不空盪，並盡量將畸零空間應用地淋漓盡致，像是將整座樓梯打造成多功能親子空間，不僅可收納書籍、玩具，同時也能當作孩子玩耍的祕密基地，賦予該空間多功能的收納用途與意義。

□ 打造書牆並利用樓梯創造親子同樂區

由於全家人喜愛閱讀，因此依附樓梯動線，將原來牆面的凹龕打造成書牆。樓梯區域整體抬高 15 公分，透過抬高界定孩子的玩樂和閱讀空間，也從視覺上讓整個樓梯區域變得更加輕盈。

☐ 客廳不設電視

依據女主人意願，客廳不做電視牆，讓孩子不養成看電視習慣，自然成為全家人閱讀、增進情感交流的場域。

圖片提供＿吾隅設計

☐ 設置親子空間

親子空間約有 6 坪，比較寬敞，設計師榮燁刻意保持些空間未完成的狀態，這樣可以隨著孩子的成長做出變化，大人小孩都可以席地而坐增進親子互動。

圖片提供＿吾隅設計

☐ 露台多功能書房

與女主人討論後，將露台空間變成多功能書房，大人可以在這裡辦公和運動，同時希望孩子們可以在這裡找到自己的興趣。

圖片提供＿吾隅設計

圖片提供＿懷特設計

CH3

收納設計形式

材質選用搭配

圖片提供__ SOAR Design 合風蒼飛設計 × 張育睿建築師事務所

Type 1 ▶ 金屬

金屬有鐵、鋁合金、鋅合金、不鏽鋼、銅製等種類。表面具有金屬光澤，富有科技感與現代感。玄關
處收納的物件和櫃體深度也會影響櫃門的五金配件挑選，如果櫃體較深，櫃門需要搭配較好的五金，
才能增加使用便利性。如果橫寬超過 100 公分，大約每 30 ～ 40 公分就要設置一個支撐架，也可以
乾脆使用鐵板為層板，或用鐵管做支撐架材質，金屬材質的支撐力較好，就能避免這種情況發生。

運用金屬、木材、板材、玻璃、石材……等不同材質，讓收納設計跳脫常見形式，設計師可從材質延伸思考，利用不同的加工效果融入設計中，像是運用材質的可拼接性，或材質的可塑性，為空間添增細節與質感。

Point 1　選用金屬櫃體時機

一般來說，選擇使用石材除了高貴大器之外，其外觀上的變化較多元也是設計師的考量，若只是作為地面建材，使用磚材確實比石材更方便清洗與保養，但用在櫃體或立面的設計上，石材的特殊性與可雕刻性還是略勝磚材一籌。若空間中的電視牆或者立柱有使用大理石材質，並希望視覺具有延伸感，可以嘗試利用同款式的大理石來製作櫃子的立柱，並結合異材質層板，賦予空間現代輕奢美感。

Point 2　金屬櫃體優點

金屬材質從選用到製作過程以及後續回收，都不會為社會帶來資源浪費，更不會對生態環境產生不好的影響，是可重複利用、持續發展的資源。金屬櫃體經過不同加工形式能創造多種形態，能夠滿足多方面的功能需求，具備美型、展示，能與其他材質完美結合……等優點。

圖片提供__禾邸設計

圖片提供__ SOAR Design 合風蒼飛設計 × 張育睿建築師事務所

Point 3　金屬櫃體缺點

金屬其重量容易因為乘載度過重，導致變形，因此在挑選建材時，要注意整體
重量。另外也要選擇適合的塗料，例如挑選防鏽防潮，具強化底材防護力的油
漆，讓鐵件不易生鏽或變質。在容易潮濕、生鏽的區域要懂得慎選金屬類型，
淋浴間、廚房、戶外，則不建議使用鐵件。

Point 4　**金屬櫃體施工重點**

當鐵件要結合其他構件時,一定要精準地計算尺寸和結構支撐。像是隔屏、門片等頗具分量的大型鐵件,當五金需要鎖進木作時,必須要先加強五金的結構;甚至須直接鎖進鋼筋水泥的承重結構裡,以免木作支撐不了。值得注意的是,要盡量避免使用過細的金屬,而讓視覺看起來不夠細緻,建築師張育睿建議使用約1×1公分的方棒打造,雖然會增加施工難度,但質感更佳;另外,假如櫃體過大,無法直接於工廠打造完成,需要在現場施工,則必須注意結構的加強與粉塵干擾。

圖片提供__ SOAR Design 合風蒼飛設計 × 張育睿建築師事務所

Example 鐵件沖孔板門片收納櫃

室內空間不到 20 坪，居住一對年輕夫婦，為了滿足生活機能，設計師從改造格局開始發想，規劃空間時更是以一物多用概念納入生活所需設計，包含收納櫃。入門處的玄關鞋櫃，以沖孔板作為門片，板片上的洞孔具排濕氣和通風效果。鞋櫃內安排可垂掛衣物的吊桿，外出常用包包或外套能放此處。挑選透氣的沖孔板，實用之外顯得年輕摩登，兼具美觀與設計。

設計細節 鞋櫃最怕悶著不通風，沖孔板上面的洞孔既能透氣，金屬材質也堅固耐用，且依照孔徑形狀、大小、排列方式、角度、孔中心至中心距離進行客製，有多種材質可供挑選。

圖片提供＿璞沃空間

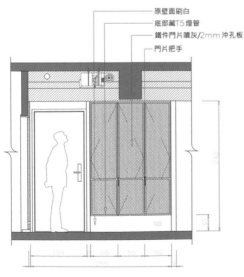

原壁面刷白
底部藏T5燈管
鐵件門片噴灰/2mm沖孔板
門片把手

人 玄關鞋櫃立面圖

6分活動層板
桶身 波麗板 宏全-312 貴族梧桐

人 玄關鞋櫃內部圖

Example **金屬把手畫龍點睛**

收納是空間內必要的實用設計，為解決生活需求而存在。玄關收納櫃以脫溝手法拉開與地板距離，量體看起來輕盈許多，下方也能置入屋主平日所需，像外出鞋、掃地機器人等，平台可置放鑰匙、信件等雜物。解決使用機能之外，為了讓視覺有亮點，選用金屬把手增添精緻感，櫃體看起來才不單調，也呼應櫃體上方使用金屬鐵板做小層架。

設計細節　呼應櫃體上方金屬鐵板材質，櫃體選用金屬把手，帶出細膩視覺，若希望設計上兼顧美感與實用性，不妨搭配金屬把手。

圖片提供＿＿懷特設計

133

Type 2 ▶ 板材

在設計收納櫃體或是製作系統傢具時，通常都會用到木質板材。木質板材的種類繁多，一般常用夾板、木心板、中密度纖維板（密底板）。而較高級的傢具品牌或進口傢具則常使用原木和粒片板（塑合板）製作，再加上它不易變形，並且具有防潮、耐壓、耐撞、耐熱、耐酸鹼等特性，外層不管是烤漆、貼皮款式都很多樣化。板材製成後，容易散發甲醛等有害物質，而危害到居住品質，因此目前市面上也出現許多「低甲醛」的板材。

圖片提供__璞沃空間

Point 1 　**選用板材系統櫃體時機**

板材系統櫃體因具有實用機能、施工快速等特性，愈來愈多人選擇以系統櫃體取代傳統木工裝修，使得市場上出現系統化裝修趨勢。若希望縮短施工時程，降低裝潢成本，可以選擇使用板材系統櫃。建議跟品牌廠商合作，才能保障商品品質。板材結合五金，五金挑選也很重要，好的五金能讓抽屜和門片在使用時順手許多，耐用度也高。系統櫃雖然是模組化設計，隨著選擇樣式多樣化，愈來愈能滿足空間規劃期待。

圖片提供＿吾隅設計

Point 2 　**板材系統櫃體優點**

板材結合鐵件、玻璃、鋁框等異材質，或善用上掀或下掀式撐桿等特殊五金，製作出不同掀式門片，讓機能設計更為靈活、貼近使用者需求。拜印刷技術所賜，系統板材有多種花紋可選擇，包含：木質紋、仿石紋（如：大理石、水磨石、白網石）、仿清水模、亞麻紋、布紋、皮革紋。系統板材總類繁多，有木心板、塑合板、密迪板等，現在門片更有鐵件、玻璃等，選擇豐富多樣。選系統櫃好處在於能在工廠先做裁切，現場再組裝，免除工地灰塵太多的困擾，不僅間接縮短工時，還能壓低裝潢預算的成本。

圖片提供＿素樂研舍空間設計

圖片提供＿大見室所

Point 3　板材系統櫃體缺點

板材造型有限，系統櫃皆為制式的規格尺寸，雖然有顏色、質感的變化，但無法如木作做出彎曲等多變造型。此外，板材基本上都具備耐汙、防潮的特性，但若長久處於潮濕的地方，與基材貼合的邊緣仍會出現脫膠掀開的現象，像衛浴空間潮氣較重的區域，最好避免使用板材材質。

Point 4　板材系統櫃體施工重點

板材施工容易，須注意立面平整度，利用溝縫線做銜接處理，若銜接不好，在轉角處會有黑邊出現，有礙美觀，可以目視及手摸是否完整密合，固定板材時預留伸縮空間，在交接處搭配細緻收邊，呈現出來的效果不遜色於真實材質。此外，使用木心板做櫃體層板時，要注意木心板條的方向，避免變形。

Example　**系統櫃搭配分類收納**

玄關收納利用板材系統櫃搭配額外添購的收納用品，將室內拖鞋與室外鞋區分開來。為了讓收納習慣更順手，室外鞋以開放式鞋櫃做設計，讓業主隨手就能收納。設計師謝媛媛提到，只要是需要額外跨兩步，或者多餘的一個動作，都可能讓人產生不想收納的心情，即使是再好用的收納櫃，如果業主不喜歡用，都是無用收納，空間還是同樣凌亂。

設計細節　櫃體分割主要是以場景做考量，在落塵區脫鞋後直接放進開放式鞋櫃內，而室內拖鞋則放入可集中收納的收納盒內，並以封閉門片做區隔。

圖片提供__素樂研舍空間設計

137

Example 以板材顏色界定區域

玄關旁的牆面設置了一排長 2.6×2.3 公尺的鏡面玄關櫃，儲藏業主的鞋子和衣物，特別是秋冬季節的包包、外套等回家後能就近收納，將雜亂收攏於無形。嵌入式櫃體收納搭配鏡面門片設計，放大視覺延伸感，消除系統櫃的量感，也可作為全身鏡使用便於進出門整理儀容。打開玄關與廚房的隔牆形成開放式廚房，設計師榮燁不以硬性隔斷區隔空間，反而透過深淺綠色切割，讓人從心理上感知區域界定。

設計細節　顏色承擔收納分區的功能切割，比如說中島檯面的櫃體，切割成棕色，背後的櫥櫃是跟著玄關區域以苔綠色做色彩切割，讓行走在裡面的人，從視覺上透過顏色形成心理的界定。

圖片提供＿吾隅設計

· 訂製系統櫃

· 軸測圖

· 平面布局圖

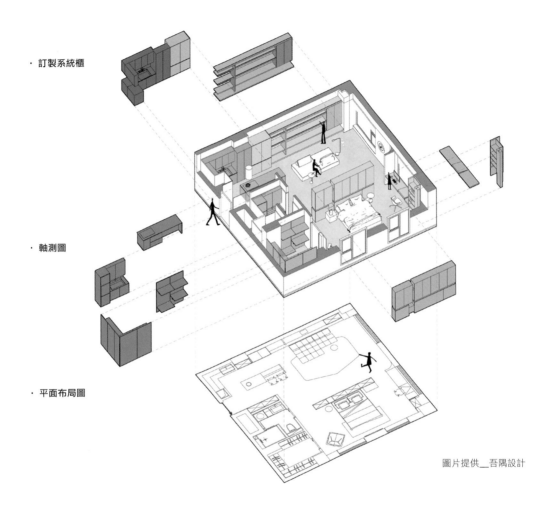

圖片提供＿吾隅設計

收納思維 根據業主提供的意象圖上方有綠色、黑色、白色與棕色，廚房空間運用黑色與粉棕色做搭配，中間串聯部分使用墨綠色、苔綠色、淺綠色，按比例為空間置入色彩。這裡的切割方式，在大的空間裡面有色塊的區隔，讓它成為心理上的功能記憶，在視覺上像是積木拼組一樣，不至於那麼單調。

圖片提供＿和和設計

Type 3 ▶ 木材

木材以整塊實木裁切而成,紋理天然溫潤,通常作為實木傢具、天花板、壁面裝飾用。實木板的厚度不一,可依需求裁切,平時多以所用木種命名。另外,為減少木材資源的浪費,再加上整塊實木的原料價格高,用在櫃體、傢具等都造價不斐。因此改良出將實木刨切成極薄的薄片,黏貼於夾板、木心板等表面,從外觀看同樣能營造出實木的自然質感。實木貼皮的厚度從 0.15 ～ 3 公釐都有,通常厚度越厚,表面的木紋質感越佳。一般的實木木皮由於厚度過薄,在施工過程中可能會受損,會在底部加一層不織布黏貼層,以方便施工。

Point 1　選用木材櫃體時機

根據設計師王采元經驗,以平均一人坪數為 9 坪來說,假如是一家三口,若室內坪數低於 27 坪以下,加上一般人普遍希望家中收納機能足夠,甚至有些業主還有特殊需求或嗜好,那麼就需要高度利用空間,此時會建議使用木作櫃,針對空間量身訂製、安排櫃體,同時也能採用整合性手法,充分把每一寸空間發揮到極致。

攝影＿汪德範　圖片提供＿王采元工作室

Point 2　木材櫃體優點

木作櫃體的優點是可以針對畸零地作完全訂製的設計，而且尺寸不受限，木作板材也能依照收納需求搭配特殊材質，例如實木、硅藻板，造型也沒有限制，還能延伸奇特的變形櫃，各種方向都能使用，若使用實木收邊設計，細部耐用細緻又好看。圖示為利用木作櫃打造的隔間三向收納櫃體，面對餐廳是茶水櫃、藥品雜物抽屜與零食大抽。

攝影＿王采元　圖片提供＿王采元工作室

Point 3　木材櫃體缺點

木作櫃體現場施作時間較長、費用較高，且木工師傅需有豐富經驗，才能與設計師討論並恰當判斷各種木作板材不同的接合工法、五金選擇，甚至長時間使用時可能會產生什麼問題。除此之外，現場木作還需要油漆處理，也需與油漆師傅配合，依後續塗裝材料工法選擇適合的板材。

圖片提供＿王采元工作室

Point 4　木材櫃體施工重點

木作櫃體超過板材長度的話會有接縫問題，板材與板材之間的接縫位置、如何交錯才不會影響後續使用，另外木作櫃體內的功能，如層板位置也應避開板材接縫處（接縫處結構較弱），避免日後結構產生問題。除此之外，由於台灣氣候潮濕，為降低門片變形機率，設計師王采元通常採用框架系統，以角材鋪排內部結構，兩側再進行封板，但提醒封板材質、塗裝方式皆須一致。

圖片提供＿王采元工作室

Example 木作弧形收納櫃設計

業主本身有許多書籍，但不希望書櫃的格體過於制式，因此在可以兼作為辦公區域使用的餐廳後方，設計了整面書櫃牆，可供放置書籍，大小多元的格子也可以放置展示擺飾。櫃體以曲面呈現球體概念，增加視覺上的層次，跳脫常見櫃體設計。製作上需要將木板精準測量裁切、組裝，在組裝時角度與間距需避免有誤差，才能完整呈現優美的曲面。

設計細節 設計師刻意於書櫃兩側製作假牆面來包覆櫃體，避免櫃體牆外露，可使空間視覺感維持協調感，也讓立面的色調統一。

圖片提供＿＿和和設計

圖片提供＿＿和和設計

圖片提供__澄橙設計

Example 木作隨機拱形壁龕

設計師陳光哲希望客廳沙發背牆可以較為厚實，而將櫃體深度設置約為15公分，營造度假、峇里島隨興氛圍，並搭配隨機拱形線條。造型雖然是拱形，但每個凹進去的轉角都有刻意磨圓，讓整體視覺不會過度呆板、生硬。漆面挑選仿砂岩漆，讓立面呈現出灰泥、砂質感，延續戶外玻璃屋的木樑，在客廳沿用假樑帶進室內設計風格。

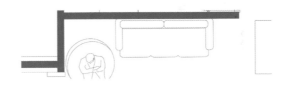

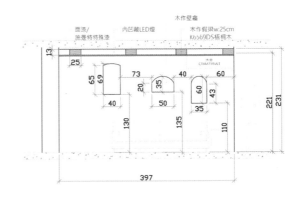

施工細節 以木作搭配特殊漆，先在底牆預留不同形狀與位置的壁龕，再築一道有厚度的木作牆，施工上需要注意立面視覺的比例，且須避免過度呆板與規則的設計形式。

圖片提供__澄橙設計

圖片提供＿渥濾型間設計

Type 4　▶　玻璃

具有透光、清亮特性的玻璃建材，有綿延視線、引光入室、降低壓迫感等效果，可以說是「放大」和「區隔」空間必備的素材之一；結合玻璃的透光性和藝術性設計，更讓它成為室內裝飾、輕隔間愛用的重要建材。玻璃分為全透視性和半透視性兩種，能夠有效地解除空間的沉重感，讓住家輕盈起來，最常運用在空間設計的有：清玻璃、霧面玻璃、夾紗玻璃、噴砂玻璃、鏡面等，透過設計手法能放大空間感、活絡空間表情；此外還有結合立體紋路設計的雷射切割玻璃、彩色玻璃等。

Point 1　選用玻璃櫃體時機

玻璃材質具有「隔而不斷」的特性，穿透的視覺感可以在小坪數空間中，保留空間的連通性，使空間感相形擴大延伸。此外，無色透明的材質，十分適用於展示功能櫃體，可以避免過度搶眼的材質色調與欲展示的蒐藏品產生衝突性。採用玻璃來做櫃體可使空間的視覺具備穿透感，並且讓兩端空間能相互連結，家中成員也能感受到彼此的存在。

圖片提供＿混混空間設計

Point 2 **玻璃櫃體優點**

在長型格局或者坪數較小，以及採光不足的空間中，採用玻璃櫃體不僅可以滿
足收納需求，亦可作為劃分空間的隔屏，透光的特性可使光線於空間中流通，
視覺得以延伸，也能避免侷促感。若採用具有紋理的玻璃，亦能滿足適度的隱
私需求，同時散射室內燈光，使光線柔和溫馨。舉例來說，上方圖示採用長虹
玻璃，不僅能提供適當的隱密性，也能利用玻璃透光的特性，讓光線進入空間。
區隔客廳與書房的玻璃櫃體可作為隔屏使用，附加拉門設計與之相扣且可上
鎖，書房閒置時，可將拉門打開，讓空間得以聯通，加強空間運用的靈活度。

Point 3　玻璃櫃體缺點

由於玻璃的隔音效果相較於其他材質較為不足，故在講求寧靜隔音的空間中，不適合採用玻璃櫃體來作為隔屏。此外，玻璃材質在吸附灰塵時，亦會較為明顯，因此更為講究清潔的頻率，而若家中有幼童，則須格外注意碰撞導致玻璃碎裂的可能性。

Point 4　玻璃櫃體施工重點

玻璃櫃體居多會輔以鐵件、石材、木材質作為外框，用以加強結構的穩固性，而在結合與安裝相異材質時，玻璃的水平垂直線需要精準測量，以免承重不均導致玻璃破裂。此外，玻璃表面的保護層亦不能馬虎，以免遭致刮傷，影響視覺美感。若櫃體框架的內部需要隱藏電線，鐵件外框的粗細度便需要納入考量，精準計算走管的空間才能確保電線不外露。

圖片提供＿混混空間設計

圖片提供＿＿和和設計

Type 5 ▶ 石材

一般室內裝潢中最常使用的石材包含大理石、花崗石、以及抿石子，這些建材各異其趣。大理石與生俱來的雍容氣質，經常成為空間中的主角；而花崗石的硬實，保留了建築的古老風貌。板岩本身就是個天然的藝術品，具有令人驚豔的特殊紋路。不過若要應用在收納設計上，選擇薄片石材，可輕鬆運用於一般厚重石材不易施作的地方如門片、櫃體、廚具等，應用廣泛且施工輕便。

Point 1　選用石材櫃體時機

一般來說，選擇使用石材除了高貴大器之外，其外觀上的變化較多元也是設計師的考量，若只是作為地面建材，使用磚材確實比石材更方便清洗與保養，但用在櫃體或立面的設計上，石材的特殊性與可雕刻性還是略勝磚材一籌。若空間中的電視牆或者立柱有選用大理石材質，並希望視覺具有延伸感，可以嘗試利用同款式的大理石來製作櫃子的立柱，並結合異材質層板，賦予空間現代輕奢美感。

Point 2　石材櫃體優點

大理石材可賦予空間優雅高貴的氣質，石材的量體穩重堅固，結合異材質薄層板可平衡視覺重量。石材表面易於清理，以清水擦拭即可，在保養上十分易於維護，且具有防潮特性，無須擔心受潮變形。此外，大理石亦可防蟲蛀，能省去櫃體長期使用後，可能會逐漸被蟲子蛀蝕的煩惱。

Point 3 **石材櫃體缺點**

大理石若長久承重不均或者使用不當，會有開裂的風險，且縫隙經常細微而難以察覺，細菌卻容易滋生於縫隙中，因此在設計石材櫃體時，須嚴密計算其承重力與結構。此外，天然的礦物質皆有輕微的輻射，雖並不會影響人體健康，但若業主對此有顧慮，則不建議使用石材來製作櫃體。石材的量體大而重，因此日後若有更換櫃體設計的需求，會需要動用較大的工程，機動性與靈活度上比較低。

Point 4 **石材櫃體施工重點**

以大理石製作櫃體，通常會用於柱體部位，層板則會以異材質與之銜接，櫃體施工時會先將層板固定於牆面，進而安裝石材立柱，此時層板表面需細心包覆保護膜，以免在石材移動時被刮傷。值得注意的是，為避免承重不均，亦須精密測量水平線後再進行施工。

攝影 _Yvonne

148

圖片提供＿＿和和設計

圖片提供＿＿和和設計

Example 石材陳列收納

開放式的公領域中，以冷翡翠大理石錯落點綴空間，牆面櫃體與島型沙發於動線上相連，主要功用為展示櫃體，可擺放孩童的書籍。希望能有別於常見的木作櫃體，但又想要保有天然材質感，故選用大理石材，並結合具冷冽感的鐵件作為層板。石材的穩重感與鐵件的輕薄感，形成一種對比衝突的美感。

圖片提供＿＿和和設計

施工細節 鐵件層板只有 0.5 公分，如果太厚會破壞輕盈感。施工時須先將鐵件鎖於牆面，並以木板封起來加以穩固，同時以木作立柱卡於層板之間，避免層板變形。

圖片提供__禾邸設計

Example　**浴室石材美型收納**

人文氣息濃厚的居家場域裡，衛浴空間挑選深色石材呼應，並搭配鐵件勾勒層
次。收納機能上，利用洗手檯與馬桶中間的深度，以鐵件包覆、嵌入壁面的手
法，打造一條狹長型櫃體，創造兼具盥洗與使用馬桶後的備品收納機能；簡約、
輕盈的收納櫃同時具備領域劃分的功能，開放立面延伸並強化視覺層次。

設計細節　浴室空間裡，在洗手檯與馬桶之間打造狹長鐵件收納櫃，收納日常的盥洗用品與備
品，一目了然的陳列方式，讓物品易拿取且好收放。

Type 6 ▶ 混搭異材質

在居家空間裡，如果想避免裝修上過於單調，並延伸整體空間尺度、放大空間感，可結合異材質的靈活搭配手法，藉由不同特性、冷暖材質的搭配，激盪出戲劇性的藝術美感；同時掌握能對應空間的材質、色彩布局與策略，可創造出良好的比例切割，空間尺度更為延伸、開闊。

Point 1　選用異材質櫃體時機

將材質視為空間中講述故事的媒介，思考如何經由材質的搭配與對話，轉述屬於居住者的故事。因此使用材料之前，必須先對材料進行研究，了解其歷史脈絡以及文化，才能進行運用異材質混搭櫃體，讓異材質相撞，藉此展現衝突的美感與張力。透過看似簡單卻能結合不同工法與搭配應用，創造出最適價值與視覺效果。

圖片提供＿潤澤明亮設計事務所

Point 2   **異材質櫃體優點**

異材質櫃體的應用，並非僅僅是為了表現設計與美感，而是包含能滿足某些特定功能的實用性。在實用性的需求之上，選用能兼顧功能與美感的材料，藉此進一步展現出材料混搭的設計感。因此在發想材料的混搭時，需要先跟業主討論其實際的需求，以免選用過度具有實驗性的異材質創造櫃體，反而為業主帶來不便，那就是本末倒置了。

Point 3   **異材質櫃體缺點**

由於住宅需要與被人長時間使用，因此相較商空的潮流特性，住宅的混材思考更講求「觸感」，即是透過人體的觸摸與踩踏，深度體驗空間的各處細節。如果只是堆疊各種異材質創造櫃體，卻沒有考量到櫃體的實用性與觸感，反而只會讓業主感受到過多材料堆疊而成的喧嘩感，所以異材質櫃體的比例配置必須掌握好，否則住宅空間容易落入徒有華麗表現的困境。

圖片提供＿潤澤明亮設計事務所

Point 4　異材質櫃體施工重點

異材質櫃體的設置全看設計師的巧思與工藝，無法從一而論。舉例來說，一般
石材較為脆弱，在施工過程容易刮傷、碰損而需要更多維護，加上石材價位高
於木料，而且木作修補上較方便，但石材修護較困難，所以工序上木作會優先
進行完成後，再來做石材的鋪貼。另外，像是鐵製架構的書櫃若想結合木層板
來增加人文書卷味，則應先訂製符合於空間尺度的金屬骨架，再將架構固定於
牆面或地面上，最後將木板鎖在事先規劃的層板位置。

電視牆利用灰階自然質感的石材打造，並以拼排方式創造櫃體視覺，流露沉穩基調，上方櫃體則使用噴漆的木皮材質，虛化大面積電視設備，並加入收納機能；木紋質感的櫃體與廊道上格柵造型天花板有所呼應，協助整體視覺更為延伸。施作上，先打造上方的木皮櫃體桶身，由於櫃體跨距幅度超過 3 公分，大於一般安裝五金鉸鍊的 2.8 公分厚度規格，因此在靠近櫃體中間、抓取幅度最小的位子安裝鉸鍊；最後再鋪陳底部的大理石電視牆，完成整體立面設計。

設計細節 公領域透過自然質感的大地色調為基底，透過灰色調的石材電視牆，結合木質紋理的吊櫃，交織濃厚的人文、樸實溫度。

圖片提供__禾邸設計

圖片提供＿禾邸設計

Example **木材 X 金屬**

窗邊臥榻設計上，考量屋主常在此進行閱讀、聊天或休閒等休閒活動，透過開放式櫃體兼具展示與收納的形式，可陳列書本或擺放香氛等小物件。此案在材質上使用木板櫃體創造溫潤質感，再佐入顯輕薄的鐵件，營造一股愜意氛圍。施作上，先做好木工的櫃體結構，預留鐵件隔間的 5 公釐尺寸，留下燈條空間，再嵌入鐵件，接著鋪上底部的木皮板，再放入鋁條燈作為收尾。

設計細節 臥榻打造展示區，揉合木紋與鐵件材質，兼具剛硬、柔軟與冷、暖材質特性，同時賦予視覺美學層次。

Example **木材 X 金屬**

位於公領域的開放書房區，利用開放層架展示藝術蒐藏品，創造美學質感的空間。施作上先做好每一層的木皮層板，上下層之間預留鐵件寬度 5 公釐，接著嵌入鐵件，最後再鋪上木板背牆；由於鐵件有一定的硬度，加上層板的承重度也足夠，整體展示櫃看起來雖然細緻，卻可達到穩定支撐效果。

設計細節 書房壁面利用木質與鐵件結構打造展示櫃，揉合粗獷與溫潤質感，替居家場域注入藝術人文氛圍。

圖片提供＿禾邸設計

圖片提供＿璞沃空間

Example　木材 X 金屬

沙發背牆的櫃體規劃，是客廳主要收納處，以木作形成牆面主體，嵌入鐵件櫃體。鐵件施作需要細膩規劃，尺寸和大小必須完全吻合木作留下來的空間，差一絲一毫就無法順利安裝。白色牆面正好突顯黑色鐵件櫃體的線條，強化視覺感。沙發緊靠收納牆面，牆面收納櫃分上下兩部分，上方是開放櫃體，方便拿取，下方則是門片式，因為被沙發抵住，適合擺放少拿取的物品。

設計細節　當鐵件結合木作時，尺寸計算須精密確實，才能安穩置入鐵件櫃體。

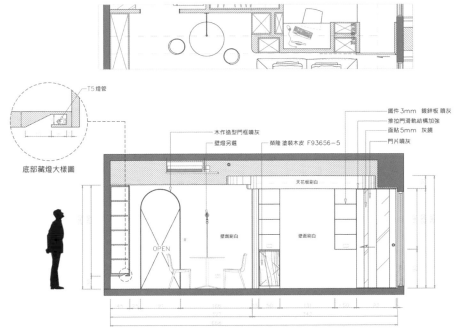

T5燈管

底部藏燈大樣圖

鐵件 3mm 鍍鋅板 噴灰
推拉門滑軌結構加強
面貼 5mm 灰鏡
門片噴灰

木作造型門框噴灰
壁燈另嵌
榮隆 塗裝木皮 F93656-5

天花板刷白

壁面刷白   壁面刷白

OPEN

圖片提供__璞沃空間

圖片提供__璞沃空間

拆解展示型收納

Type 1 ▶ 層板層架

層板層架形式,是近年來陳列收納經常使用的設計手法。收納不再只是把東西收起來、眼不見為淨,還可以藉由不同的空間設計與展示手法,將個人的嗜好、蒐藏以及生活物件,以全新的展示概念收納於居家之中,成為另一種生活美學與個人品味的展現。突破傳統平排或是堆疊的觀念,讓陳列品能與空間、人產生互動,在提升整體視覺效果外,更增加輕鬆拿取之用。

圖片提供＿吾隅設計

展示型收納的設計需配合物品尺寸，也能運用色系分類，讓收納更有秩序，並且要注意層板、層架與結構體的接合，以達到不外露螺絲的完美接合收邊，同時應固定於實牆結構上，避免承重產生問題。

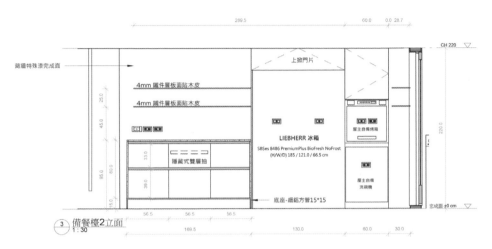

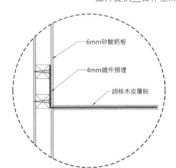

Example 開放式層架設計

廚房區可規劃成水區、用餐區，以及飲料區，而不使用水的飲料區，就如同咖啡廳中的半開放展示空間，可放置咖啡機、烤麵包機等器具，不僅機器美觀又可以搭配展示特色咖啡豆，達到不同端景空間；同時若有像是茶包等零散物品，即可配搭抽屜達到收納需求。一般來說，廚房區很多溶劑類的東西不太適合鐵件，但鐵件才能達到較佳承載性，所以在施工之前，必須與業主特別溝通。

施工細節 為了視覺上的輕薄感，將層板厚度約控制在1公分左右，為了達到承重穩固性，而採用L型鐵件層板打進牆面，再將外露部分包上木皮，創造柔和感。

層板使用系統板材，一方面是想為業主降低成本，一方面是系統櫃可以展現出木質效果。下櫃以流理檯的方式來做，雖然看起來是木質調，但須考量防水需求，桶身還是使用木心板，而非全系統櫃的板材，僅門片使用系統板材。陳列底板要穩固並注意承過重量，不能放過重的東西。櫃體設計與人體使用習習相關，必須以使用者來考量櫃體的高度，下櫃高度設置為 85 公分，上櫃高度則設置在 145 ～ 185 公分，大約伸手可以觸及之處。

圖片提供__澄橙設計

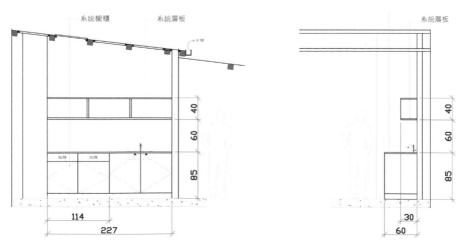

圖片提供__澄橙設計

施工細節 系統板的開放架是由特殊的五金件與立面結合在一起，貼磚前先在立面預埋五金，接著貼磚在立面上，最後將層架掛到五金件上。

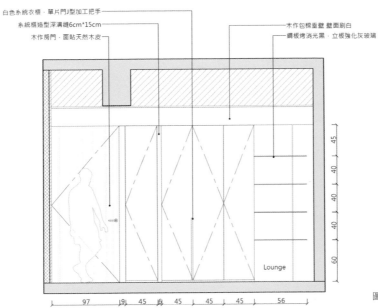

白色系統衣櫃，單片門J型加工把手
系統櫃造型深溝縫6cm*15cm
木作房門，面貼天然木皮

木作包標查壁 壁面刷白
鋼板烤消光黑，立板強化灰玻璃

45
40
40
40
60

Lounge

97 │9│ 45 │6│ 45 │ 45 │ 45 │ 56

圖片提供__十幸制作

圖片提供__十幸制作

施工細節 最初要將鋼板鎖在結構體上，鋼板鎖好之後再利用木作背板將鎖件遮住，做完背板的同時，才量系統櫃的尺寸，等系統櫃裝好後，鋪設房間木底板，最後再裝上強化灰玻璃立板。

Example 開放層架搭配隱藏系統櫃

運用層架搭配隱藏系統櫃，讓整體視覺乾淨又具備展示功能。由於業主本身愛看書，有許多藏書，但設計師考量到後續的清潔便利性，建議業主別展示過多書籍，且畫面容易雜亂、不簡潔。設計師與業主達成共識，將展示陳列櫃縮減為一排，另外三個則為書櫃。設計師希望畫面俐落，看不到螺絲外露，因此先用木作牆把鎖件全部包覆修飾於立面，讓畫面只剩下鋼板，最後使用矽利康，將玻璃與立面結合在一起，創造視覺層次。

整體空間營造沉穩氣息，設計師為了呼應空間裡的深色地板，並增添些許視覺亮度、展示時尚感，在餐廳空間的壁面打造整面金屬櫃體，反光的材質特性，創造時尚感。側邊則以開放金屬展示櫃安排，開放的結構讓視覺尺度更為延伸。展示櫃體的鐵件層板為 5 公釐厚度，透過 L 型結構將層板鎖在牆壁上，木工貼木的背板調整為符合 L 型結構的厚度。

設計細節　利用玄關櫃體到餐廳區的深度，打造整排收納機能；掌握深色、反光的金屬材質特性，完美融入沉穩空間，同時注入時尚感。

圖片提供＿禾邸設計

圖片提供__大見室所

Example 層板結合燈條

位在書房的收納櫃,為了讓其不顯呆板而且具
有設計感,採層板懸空設計與燈條結合讓龐大
櫃體可以擺脱笨重感,中間層板能放上擺設品
與書籍,使收納與展示有了完美結合,也讓整
體成為書房的藝術品。在尺寸拿捏上,櫃體深
度約 35 公分左右,具備足夠的收納機能。

圖片提供__大見室所

設計細節 光源位置位在櫃體後方,所以層板厚度成為考
量的重點之一,層板厚度約 2 公分,讓燈條有足夠空間
得以置入。

163

圖片提供__ FUGE GROUP 馥閣設計集團

異材質拼接展示層架立面

從屋主喜好為設計切入點,藉由對於材料比例的拿捏,以石紋薄磚為主要視覺焦點,輔以木皮鋪陳具平衡調性的立面,此道立面除整合機能性入口之外,搭配開放展架的藝術陳列設計及側邊 LED 燈條設計,讓展示立面產生不同層次的變化性,其散發而出的光源也較為柔和。以充滿韻律與節奏性的鋪排,達到修飾效果之外,也整合展示、電視牆功能。

施工細節 木工搭建立面框架時一併預留 2 公分的燈條溝縫厚度,並將燈條線路設置隱藏在天花板內,左右兩側也要先做出層架嵌入的溝槽,待薄磚貼好後再將層板置入。

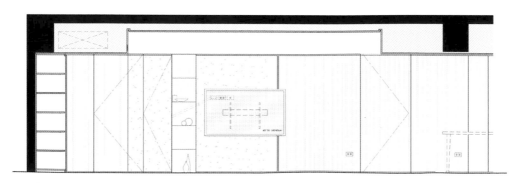

圖片提供__ FUGE GROUP 馥閣設計集團

Type 2 ▶ 各式收納造型

斜角、圓弧、格狀、進退層次、異材質結合等造型，考量觀賞視角決定收納櫃劃分方式，並結合色系搭配，勾勒各式各樣的多樣收納造型，進而達成豐富空間語彙的效果。像是過往多用於櫃體收邊或造型裝飾鐵件，因為其輕薄而堅固的特性，不僅能突破層板跨距的限制，並能為空間帶來輕盈效果。在科技快速進步的現代，收納櫃體造型也逐漸打破既定規則，出現愈來愈多創新造型的可能性。

圖片提供＿禾邸設計

設計細節 大面積書牆延伸出公領域深度，木質調營造靜謐、安定氣息；半開放櫃體與彈性門隔間手法，創造多元、層次視覺風貌。

Example 格柵收納造型

此居家空間走出傳統的方正格局，利用斜切線條規劃 3 房 2 廳格局。從玄關、經餐廳到客廳領域，透過壁面深度規劃整道高密集度的書牆，替室內爭取高坪效收納機能，並滿足屋主大量藏書與閱讀樂趣。為了呼應空間局部以格柵收納造型，櫃體中央透過移動式格柵小門，彈性調整門扇位子，開放展示機能結合穿透門扇設計，視覺上流露進退層次感，展現空間深度與裝飾美感。

圖片提供＿禾邸設計

Example 弧形開放展示櫃

考量小朋友剛開始學步，因此在室內創造不怕碰撞、如同操場賽道般的動線，跑道兩側的圓弧也可以與河岸的弧度順勢融合。在跑道前端設置模型展示櫃，屋主一進家門就可以欣賞自己的蒐藏。本案因為起初為毛胚屋，因此可以讓設計師大膽發揮，圓柱體一面是展示架，另一面是圓弧門片收納，中間採用骨架再搭配彎曲夾板製作，不僅符合設計理念又兼具收納實用性。

施工細節 由於此牆面具備大量收納需求，設計師選擇將露營重物直接落地，不過腳踏車需要掛牆，因此加強背牆結構，將頂天立地的直向角料直接鎖上腳踏車支撐架，才能符合承重穩固性。

圖片提供＿日作空間設計

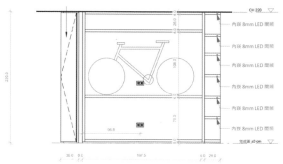

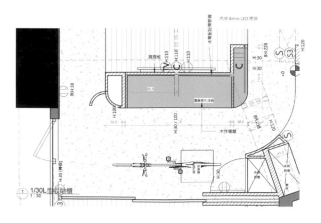

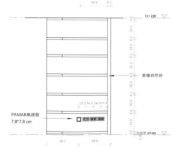

圖片提供＿日作空間設計

圖片提供__澄橙設計

Example **壁龕造型陳列櫃**

由於業主有展示蒐藏的需求，因此設計師陳光哲開始思考該如何陳列展示品，利用新設置的隔間額外加厚，使其產生壁龕效果，以此作為展示陳列處形狀延續沙發背牆的拱形設計，高度則是對齊旁邊的門，同時將下方餐櫃的高度考量進去，再將壁龕的比例調整出來，每層的間距則以杯子的平均高度計算出來。設計上需要注意比例問題，不能太大或太小。

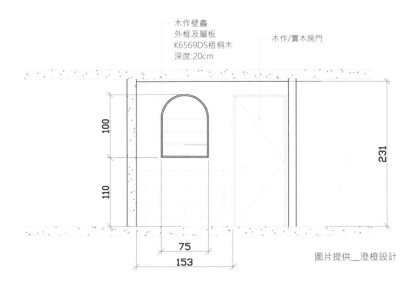

木作壁龕
外框及層板
K6569DS梧桐木
深度：20cm

木作/實木房門

圖片提供__澄橙設計

施工細節 壁龕層板直接是以木作來做，並非系統櫃，透過木心板與角料釘在立面上，下角材之後再貼染色梧桐木皮。

圖片提供＿＿十幸制作

Example 美型壁洞

透天街屋的通病，就是四周有很多樑柱，樑的部分可用天花板造型來收攏，但立面因為柱子很多，空間會看起來過度狹窄，因此設計師透過包覆立面的手法，讓立面出現延展性，並且運用壁洞的設計手法將空間的軸線拉平，讓視覺乾淨俐落。由於業主平時會在此處販賣咖啡豆，壁洞設計不僅能讓業主展示各種咖啡豆，還創造出如同三幅畫作般的效果。設計師考量沙發背的高度，並將櫃體最高處設置在手可以方便取得的地方，此壁洞設計為木工製成，最初木工會到現場做壁板，並且預留三個 100×100 公分的方框，再將做好的開放櫃桶身置入方框，接著利用弧形線板收邊，最後披覆塗料。

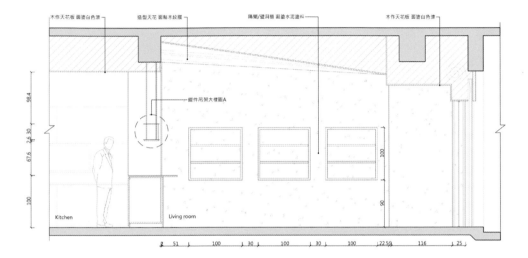

圖片提供＿十幸制作

施工細節 設計師希望櫃體呈現研磨感，有從外部順進去立面的視覺效果，因此櫃體四周利用 1／4 圓的飾角，再搭配又土這種特殊塗料，讓兩者看起來融為一體。上塗料前，要注意每一塊板子的交接處都要很平整，假如不平整，之後再上塗料時就會凹凸不平，看起來欠缺質感。

Example 格狀木作展示櫃

為了避免牆面阻隔明亮的光線，建築師張育睿在入口的兩邊以木作格狀展示櫃呈現，不但堅固牢靠，更能用以收納各式藏書或展示品，再沿著窗邊的 L 型區域設計為臥榻，營造出可坐可收的多元機能空間，而其鏤空設計也讓視覺展現活潑輕盈。

設計細節 因為要放置大量書籍，所以櫃體承重量相當重要，此案以夾板為基底，另外搭配橡木木材，讓承重度大幅提升。

圖片提供＿ SOAR Design 合風蒼飛設計 × 張育睿建築師事務所

圖片提供＿ SOAR Design 合風蒼飛設計 × 張育睿建築師事務所

圖片提供＿大見室所

Example **展示陳列照明燈光設計**

展示櫃的照明設計可以試著跳脫以往由上方安裝嵌燈的作法，轉而於層板下方或是側面安裝燈條，以間接照明的方式來照亮物品。於櫃子下方安裝燈帶，由於燈光較為柔和，可減少視覺壓迫感，帶狀分布的光線也能賦予空間細膩而俐落的美感，隱藏於櫃體夾縫的燈條亦不會干擾空間整體視覺。

圖片提供＿大見室所

施工細節 設計櫃體時，須先規劃好要保留的燈條縫隙，櫃體施工時亦需精準測量，避免燈條安裝時有尺寸不合的問題，導致燈條外露，不僅會影響美感，也會有使用上的安全顧慮。

廚房是空間內瑣碎物件最多之處,鍋碗瓢盆和杯具,充滿細小物件的總和。中島廚具以系統櫃打造櫃體規劃,讓檯面下方收納機能完善,一側的牆面展示櫃,層板選用鏤空洞洞板,擺放杯子時增加通風性,身後打出的昏黃燈光,櫃體在光線照拂下顯得美觀,擺放玻璃杯像酒杯或水杯,透光模樣也會更加迷人,增添照明機能之餘也營造昏黃氛圍。

設計細節 廚房展示櫃以洞洞板當層架,杯子盛放時具通風性,在櫃體後方燈光照明下,呈現視覺美感。

圖片提供＿優特設計

Example **U 狀造型展示櫃**

此為小孩房的衛浴設計，偏向古典大方。以木作拱門串聯內外空間，拱門順道
繞了 U 型彎銜接壁面，嵌入鐵板層架就成了置放衛浴小物的空間。為了怕物
品掉落同時遮蔽視野，牆面覆蓋長虹玻璃，保持衛浴隱私性。如果只是規劃門
框，在壁面置入收納小櫃，看起來就會比較平凡，當以木作一體成型做了拱門
結合收納櫃，視覺顯得有趣許多。

設計細節　門框和收納櫃以 U 狀造型彎繞，呈現出有別以往的空間視覺感，兼具門框和收納功
能，透過設計添加趣味。

圖片提供＿懷特設計

173

Example **懸空金屬書架**

空間有限的時候，愈能見識設計的魅
力。書架以金屬材質規劃懸空收納，是
為了節省空間。因為小孩房坪數不大，
預計要置入的書籍和玩具如果落在立面
會顯得擁擠，於是利用臥房上方，既能
保留收納機能，又讓空間維持寬鬆，金
屬材質的承重度也高，取放物品只需踩
踏小階梯。書桌也不靠落地窗，留著走
動地方讓動線維持順暢。

設計細節 由於書籍較重，考量到未來擺滿書
籍時所需承受重量，選擇金屬材質較堅固。

圖片提供＿十幸制作

Example **洞洞板造型**

其實這面洞洞板牆背後有很多不同深度的東西，此處不只整合了洞洞板牆，還有開放格、收納櫃、儲物間，視覺上都被這片牆收齊了。此洞洞板造型有別於一般現成洞洞板，是從市面上找合適的圓木棒現品，照木棒的尺寸去排列圓孔，排列好孔位之後，請木工送 CNC 加工（電腦數值控制加工機械），切割完之後，這一塊板子和牆壁做平，最後再披覆上清水模塗料。

設計細節 設置玄關開放櫃體給業主放香氛，一旁其實還有收納櫃和儲藏間，將主要收納機能整合在儲藏間內部，開放陳列櫃特意劃分地較寬長，一方面是不好清潔，一方面是展示的物品太多，反而會導致空間更加凌亂。

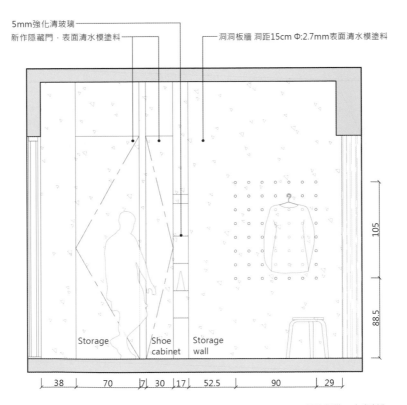

5mm強化清玻璃

新作隱藏門，表面清水模塗料

洞洞板牆 洞距15cm Φ:2.7mm表面清水模塗料

Storage   Shoe cabinet   Storage wall

105

88.5

38 | 70 | 7 | 30 | 17 | 52.5 | 90 | 29

圖片提供＿十幸制作

圖片提供＿ FUGE GROUP 馥閣設計集團

Example **弧形展示陳列多功能書牆**

業主喜愛閱讀且擁有大量藏書，需要相當充足的櫃體，為爭取空間坪效，於餐廳旁的場域，構築一道結合隔間與櫃體的弧形立面，櫃體這一側甚至結合書桌與利用 C 型鋼所構築的小平台，平常也可以窩在平台上享受自己獨處的時光，而平台下還能收納按摩椅，滿足各種生活需求。

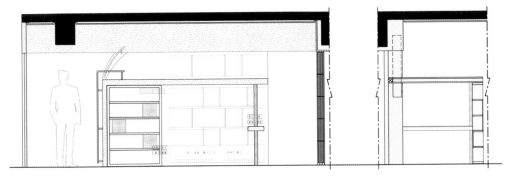

圖片提供＿FUGE GROUP 馥閣設計集團

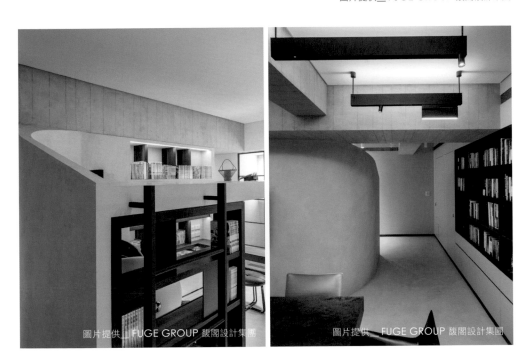

圖片提供＿FUGE GROUP 馥閣設計集團　　　　　圖片提供＿ FUGE GROUP 馥閣設計集團

設計細節　木工施作弧形與書櫃的結構體，最後再刷飾清水模塗料與貼皮，平台結構為 C 型鋼搭建再包覆木板材，另一側立柱其實也是鐵件貼飾木皮，兼顧結構與整體風格。

Type 3 ▶ 櫃體銜接

收納設計中的櫃體銜接相當重要，銜接得好能讓空間加分，銜接不好會讓空間扣分，反之如果先思考好櫃體如何串聯在空間中，就能強化櫃體視覺效果。舉例來說，當櫃體和壁面銜接時，部分鏤空可以削弱量體視覺重量，於是製作時先將櫃體部分支架鎖在天地壁，讓書櫃支撐力量分散出去，就能創造出鏤空層架，成為空間中的設計表情，兼具實用功能。

圖片提供＿吾隅設計

圖片提供＿懷特設計

Example **鐵件與木材銜接**

孩童遊戲區的收納架，以鐵件和木作層板作為層架和視覺線條，呈現簡練設計感，錯落有致的層板和鐵件線條，大大小小的間距顯得活潑，物件擺放多些調整的靈活空間，以展示櫃結合書櫃方式呈現，親子可以一起在桌面閱讀或繪圖，活化空間效能。上方垂吊櫃體，也讓櫃體多些變化，而不是單調的向上延伸，鐵件結合木料的異材質結合，搭配後方壁面打出的燈光效果，添加視覺感受豐厚度，櫃體收納在空間內成為美感存在。

設計細節 櫃體上方以垂掛方式做層架，呼應下方櫃體的線條和比例，整體看起來輕盈活潑。層架是鐵板材質，延伸到書桌是木頭材質，以白色作為異材質銜接中介，形塑收納機能設計。

圖片提供＿懷特設計

金屬與玻璃材質相互銜接，由於玻璃表面較為脆弱，施工上需要避免刮傷，在安裝時亦須利用雷射燈檢視水平垂直線是否歪斜，避免玻璃由於受力不均而破裂。外部金屬框架的上下兩端，皆須鎖上螺絲來加強穩固性，以免櫃體傾塌。若作為展示櫃體，層板深度會建議落在 30 ～ 35 公分之間，而若作為收納櫃使用，則需要達 35 公分以上，並設計門片來隱匿雜物。

設計細節　雙面設計的櫃體同時增加了收納可能性，也賦予兩個空間更高的連通性。玻璃材質具有視覺上的穿透性，可以減少的隔閡阻斷感。

圖片提供＿和和設計

圖片提供＿和和設計

攝影__汪德範　圖片提供__王采元工作室

攝影__汪德範　圖片提供__王采元工作室

設計細節　祖先櫃與多寶閣櫃都是各自獨立施作，再進行組裝、鎖固，同時利用祖先櫃的頂部飾板深度藏設光源。

Example　木作櫃體銜接

客餐廳面對的主立面有展示與祖先櫃的需求，設計師王采元以符合祖先櫃的尺寸制定水平線條，同時利用不同木皮混搭，以舒坦感的極淺灰牆做底，楓木為主調，搭配花梨木的水平層板與祖先櫃的組合，回應業主提出的「活潑大方不複雜」。多寶閣、祖先櫃皆為木工現場施作，每個櫃體為獨立製作，再一個個鎖固於牆面，板材未貼皮階段即先鎖固，並利用祖先櫃的頂部飾板藏設燈光。

圖片提供＿＿十幸制作

設計細節 由於要做吊櫃，整個天花板照明就無法照到檯面，設計師才順著吊櫃下方設置照明燈條，並將電線藏於天花板內。

Example **櫃體銜接結構體**

業主在自家一樓有販售咖啡豆的需求，設計師為了讓後方廚具看起來不像住家，特意在中島上做吊櫃設計，同時加入展示層板。吊櫃可收納業主常用的咖啡沖煮器具、咖啡杯，並且運用可透光與不透視兩種櫃體的設置，讓業主可收納雜物，同時展示杯具。施工上，先將吊櫃固定在 RC 層之後，再封天花板，最後再用油漆收尾，視覺上就看不到銜接點。設計師以業主的身高來設置中島吧檯，吊櫃結合白色烤漆鐵件與長虹玻璃，讓櫃體具透視感卻無法一目了然。此外，不透視櫃體內部還設有插座，提供業主充電之便。

6mm鋼板烤消光白
插座&燈條電源，由天花跑圓管至框內

1F 鐵件吊架A-A'剖立面詳圖　**4**
SCALE 1/10

施工細節　設計師在藏電線上下了許多工夫，櫃內設置一個盒子藏著所有電線，同時也為插座設置處，設計師提醒，如果不希望電線被看到，可先預留一處收整電線的地方。

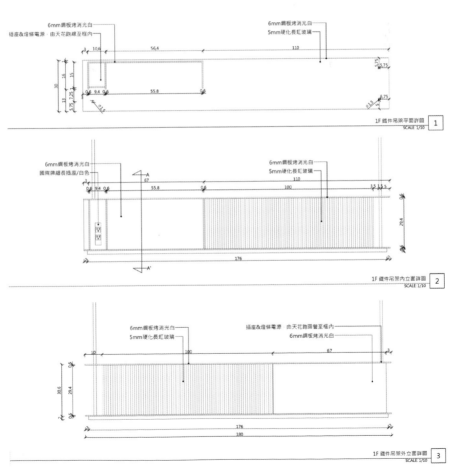

6mm鋼板烤消光白
插座&燈條電源，由天花跑線至框內

6mm鋼板烤消光白
5mm硬化長虹玻璃

1F 鐵件吊架平面詳圖　**1**
SCALE 1/10

6mm鋼板烤消光白
國際牌細長插座/白色

6mm鋼板烤消光白
5mm硬化長虹玻璃

1F 鐵件吊架內立面詳圖　**2**
SCALE 1/10

6mm鋼板烤消光白
5mm硬化長虹玻璃

插座&燈條電源，由天花跑圓管至框內
6mm鋼板烤消光白

1F 鐵件吊架外立面詳圖　**3**
SCALE 1/10

圖片提供__十幸制作

圖片提供＿ FUGE GROUP 馥閣設計集團

圖片提供＿ FUGE GROUP 馥閣設計集團

Example **圓弧隔屏銜接結構體**

將具有包覆、安全感的圓弧設計，延伸至次臥房的空間當中，為避免推開房門直視床鋪的尷尬，設計師於床鋪側邊懸掛一道圓弧鐵件，這道鐵件不僅僅具備隔屏功能，鐵件本身帶磁性的作用也成為青春期孩子張貼喜愛的相片、明信片等裝飾，以白灰色彩搭配運用加上圓弧線條語彙，也注入活潑氛圍。

設計細節 圓弧格屏烤漆分成 2 個步驟，先烤白色底色再上灰色圓弧區域，鐵板則以圓管鐵件懸掛於天花板上，圓管須與 RC 結構做銜接才穩固，此外，鐵板與圓管之間於工廠就先做好焊接。

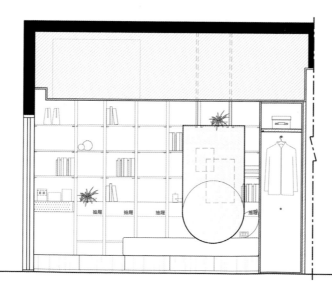

圖片提供＿ FUGE GROUP 馥閣設計集團

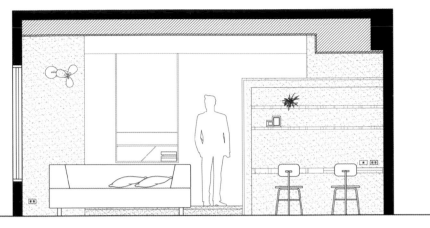

圖片提供__ FUGE GROUP 馥閣設計集團

圖片提供__ FUGE GROUP 馥閣設計集團

圖片提供__ FUGE GROUP 馥閣設計集團

Example **懸吊式陳列架銜接結構體**

小房子要同時滿足機能與空間感，規劃上得運用一些技巧，在此案當中，沙發後方毗鄰著開放式廚房，小小過道同時是通往後陽台動線，利用懸吊式陳列架的形式，將收納化為更輕盈、輕巧的量體，且搭配不同層板運用，如：薄鐵件、鐵板包方管、玻璃，賦予多元變化性，收納與展示生活物件。

施工細節 先於天花板內預埋金屬套件，再將工廠焊接好的鐵件陳列架鎖於套件上，最後再由木工進行天花封板，如此一來就不會裸露看見螺絲接頭，工法上更為細緻。

拆解隱藏型收納

Type 1 ▶ 門片

目前收納櫃主要的開門設計，分為「配件把手」、「隱形把手」兩大類型，關乎使用手感，也影響櫃體美觀度，端看各空間風格及屋主平時使用習慣選擇。若選擇隱藏收納設計，不必額外搭配五金把手的優勢，配件總數相對減少許多，而能降低部分預算。由於長時間觸碰門片某處，可能出現微褪色的使用痕跡，因此門片建議挑選好清潔的材質，盡量延緩褪色產生。尤其是易產生油汙的廚房，烹飪時，雙手油膩開門的機率高，櫥櫃門片挑選抗汙能力強的板材，讓業主更容易保養照顧。

圖片提供__宅即變空間微整型

完美的隱藏型收納，規劃時需要考量收納設計的基礎原則，像是空間格局、物品類型、收納習慣或收納便利性……等，而隱藏門把是否順手好用也是重點之一，能幫助業主維持井井有條的生活。

圖片提供__懷特設計

Example 簡約門片結合燈光

電視櫃集中在右側，以脫溝設計手法讓量體輕化，背後嵌入燈光增加視覺美感，營造柔和氛圍。櫃體主要是設備櫃，擺放屋主的影音設備及客廳相關雜物，維持空間視覺美觀。墊高的電視牆地面，是為了擺放屋主音響設備，同時讓視覺有高低差、較有層次。因為客廳地面和電視牆都以灰色為主，櫃體以白色來呈現，深淺有別豐富空間的面容。

設計細節 由於此處收納客廳所有的設備與相關物品，導致櫃體較大，設計師透過脫溝手法簡化視覺笨重感，再以燈管打出光線營造氛圍。

Example **門片結合展示書櫃**

很少人會在衣櫃之間規劃書櫃，設計師林志隆其實是為了遮蔽樑柱，但又不希望衣櫃只是單純以木片或油漆，處理樑柱這塊面積的壁面，想置入一些活潑元素。衣櫃深度約 40 公分，但書櫃能利用的空間只有 20 公分深，設計師利用這淺淺的空間，規劃展示性高的書櫃。順勢而為延伸到書桌處像內凹般放入桌面，有了書桌空間，和衣櫃、書櫃間也形成一致性，讓房間櫃體整合成一面風景。

圖片提供＿懷特設計

設計細節 雖然衣櫃的深度有 40 公分深，但因為樑柱位於兩個衣櫃之間，能運用的深度只有 20 公分，於是以展示櫃做規劃。

圖片提供＿禾邸設計

Example **格柵門片**

此櫃體作為玄關走進公領域的第一個端景視覺，剛好位於客、餐廳之間的過渡帶；天花板利用格柵虛化視覺，並接續打造格柵立面造型的櫃體，線性安排讓一旁的電視牆尺度更為延伸，並製造景深空間感。櫃體結合門片、抽屜、層板，創造豐富且完整的收納機能，滿足實用的日常需求。

設計細節 格柵門板銜接開放層板，營造具進退的視覺轉換，下方抽屜延伸至電視牆，串聯領域機能。

圖片提供＿十幸制作

Example **藤編門片**

業主從事海洋相關工作，因此設計師以塗料、無縫地坪來表達海底沙洲的意象。為了讓鞋櫃具備通風機能，鞋櫃裡裝了抽風扇消除鞋子異味，且安裝機械排風扇讓氣體在天花板內循環，並將魚網概念轉換成藤編，促成藤編門片的產生，同時達到通風機能。正立面底下搭配可移動木作外貼不鏽鋼面材的平台，透過金屬亮點平衡畫面，左半部空位可放置掃地機器人，還能將鞋子放在金屬平台上，有如展示陳列的精品。

施工細節 整座櫃體為系統櫃，除了藤編門片是額外找專業廠商，利用系統櫃的吊櫃上牆形式與結構體銜接，櫃子的背面為建商原有的立面。藤編門有額外染白，利用調製的保護漆將偏黃顏色染淡一些，設計師建議門片應儘快裝上系統櫃，以避免放置現場過久而產生變形。

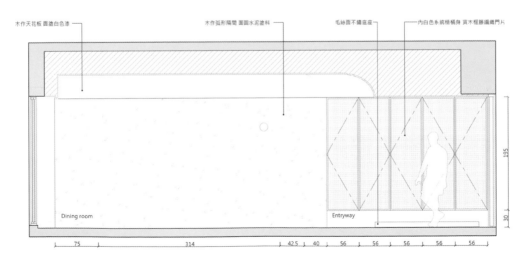

木作天花板 面塗白色漆　　　　　木作弧形隔間 圍圈水泥塗料　　　　　毛絲面不鏽鋼底座　　　　內白色系統櫃櫃身 實木框藤編織門片

Dining room

Entryway

195

30

75　　　　314　　　　42.5　40　56　　56　　56　　56　　56

圖片提供＿十幸制作

圖片提供__ FUGE GROUP 馥閣設計集團

Example 門片延伸空間高度

坐擁淡水河景的 50 坪住宅，重新微調格局更加發揮景觀優勢，與客廳相鄰的
多功能室結合了多樣的生活功能，既是書房、琴房，當長輩來訪還能轉換為舒
適的臥房，一方面自客廳的人字拼圖騰延伸至內，從櫃體立面往上貼覆為天花
板，更有延展高度的作用，入口處上端則加入鍍鈦古銅材質，增加些許的反射
質感。

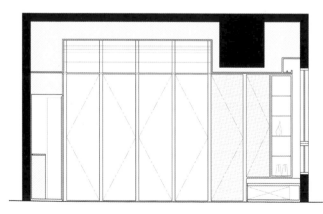

圖片提供__ FUGE GROUP 馥閣設計集團

施工細節 木貼皮與油漆之間在內
角將材質直接銜接在一起，鋼琴上
方為了引光至玄關的玻璃隔間，則
是以矽利康固定。

圖片提供＿ FUGE GROUP 馥閣設計集團

圖片提供＿ FUGE GROUP 馥閣設計集團

Example **弧形門片**

20 坪混搭藝術宅，玄關入口由雕塑品概念打造出一座懸浮量體，成為吸睛亮點，圓弧曲線設計創造出獨一無二的行走動線，也拉寬整個空間的視野廣度，讓人對於室內開始產生期待與好奇心理，打開量體其實隱藏實用的小酒吧跟儲藏功能，另一側則是衣帽櫃，滿足小宅所需的基本收納機能。

施工細節 弧形門片是利用線板一條條拼貼於底板上，上端結構以角料做結構加強，並稍微往內縮的進退面，創造懸浮視覺。

滑軌鏡面門片

為了遮蔽窗戶，於是設計師為業主設置滑軌式鏡櫃。當左右滑動距離大，滑軌應選擇品質優良的產品，才能應付這麼長距離的移動。鏡面框架也做得較大，展現大器感。鏡框延伸收納小櫃，略為突出的櫃體，畫面更加立體，色系迎合衛浴清爽色澤，淺色金屬邊框透露淡淡高雅氣息，滑軌式鏡櫃雖說是為了屏蔽窗戶而規劃，也讓整體設計感提升不少。

設計細節 滑軌五金配件品質是重要考量關鍵，好的五金可以解決移動大型櫃體的笨重感，讓業主在使用上更順暢。

圖片提供＿懷特設計

Type 2 ▶ 抽屜

每位業主的收納習慣不盡相同,設計師在和業主溝通時,可先了解業主的使用
需求和習慣。比如衣服習慣摺放或吊掛?配件的種類以及件數、數量?當業主
配件總數多,需要較大格放抽屜,可利用玻璃做表面呈現,方便業主清楚看見
物品。因為抽屜較大、較深,建議選用品質良好的五金廠牌,滑軌和五金使用
時才會滑順,可額外搭配線狀燈管打出柔和燈光,呈現精品質感。

圖片提供＿懷特設計

圖片提供＿澄橙設計

Example **實木收納抽屜**

少見的實木浴櫃沿用空間的休閒度假感,因為此處的
浴室設計為乾濕分離,設計師陳光哲才在乾區使用實
木作為浴櫃材質,最需要注意防水的檯面不適合使用
木頭,而以石材作為檯面。設計師以南洋度假飯店浴
室為範本,搭配開放式設計在浴櫃底下,同時考量到
濕氣會影響櫃體,而設計通風層板。

設計細節 由實木桶身結合石材檯面,設計師認為實木較適合顯
眼把手,而未選擇嵌入型把手或無把手設計,反而以訂製現成金
屬把手點綴它的整體造型。

Example 開放層板搭配抽屜收納

此為走入式更衣間並與主臥相連，系統板材為主要材質。由於業主需要掛的服飾很多，甚至比摺的衣服多，大約計算出一定數量後，配合手摺的衣服收納數量約為多少，再去預估抽屜的量。設計師陳光哲因此設置開放式吊桿，左手邊則安排抽屜櫃。層板額外搭配現成收納盒，放置無法分類歸納的品項，像是腰帶、圍巾、帽子，或者其他配件。透過一致的收納盒整合視覺，讓業主自行整理使用。

圖片提供＿澄橙設計

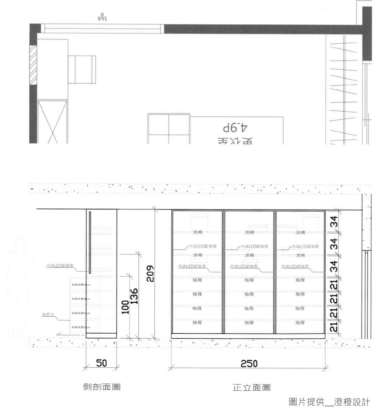

側剖面圖　　　　　正立面圖

圖片提供＿澄橙設計

施工細節　規劃上，設計者要了解使用者的需求，以及需要的收納方式。內嵌鋁燈條，可讓陳列衣服時的亮度適中，並讓視覺簡潔，L 型展示收納吊桿也有設置燈條。抽屜把手材質為實木，增加休閒感。

圖片提供＿澄橙設計

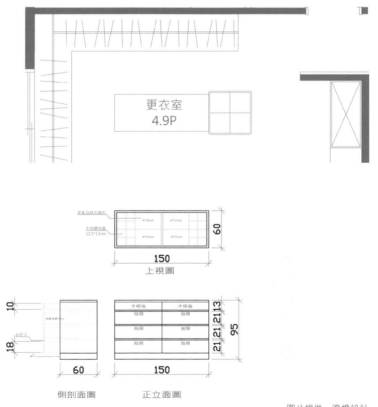

更衣室
4.9P

上視圖

150

60

側剖面圖　　　正立面圖

圖片提供＿澄橙設計

設計細節　中島設計第一層規劃給小配件，像是手錶、首飾等，最上方以玻璃作為中介，讓業主便於挑選、一目了然。玻璃周圍利用烤漆創造出奶茶色外框，首飾底盤以裱布增加精緻感。

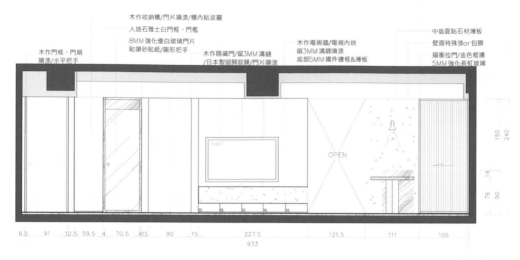

木作門框、門扇　噴漆/水平把手

木作收納櫃/門片噴漆/櫃內貼波麗
人造石雅士白門框、門檻
8MM強化優白玻璃門片
貼噴砂貼紙/圓形把手

木作隱藏門/留3MM溝縫
/日本製鏡面鏡/門片噴漆

木作電視牆/電視內崁
留3MM溝縫噴漆
底部5MM鐵件邊框&薄板

中島面貼石材薄板
壁面特殊漆or包膜
緩衝拉門/金色框邊
5MM強化長虹玻璃

OPEN

150　240

76　90

14

6.5　91　12.5　59.5　4　70.5　415　90　15　227.5　121.5　111　105

933

圖片提供＿璞沃空間

圖片提供＿璞沃空間

Example　電視牆結合抽屜收納櫃

電視櫃以木作打造，下方嵌入凹折鐵件做收納櫃，可擺放影音器材，黑鐵白牆帶出空間現代感，並在靠地板處隱藏抽屜式收納櫃，增加收納機能。延伸到側邊收納櫃，木作漆白的一致性材質將視覺尺度拉大，延伸空間感官想像，側邊收納櫃故意不做把手，以脫溝手法規劃櫃體間縫隙來取代，一方面不容易髒，二方面讓視覺整齊許多。

設計細節　設計師以實用性為主要考量，幫業主規劃電視收納櫃體，無把手呈現簡練精神。

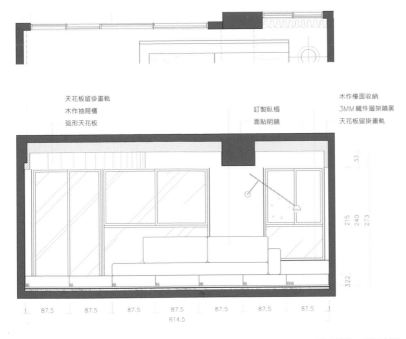

天花板留掛畫軌
木作抽屜櫃
弧形天花板

訂製臥榻
面貼明鏡

木作檯面收納
3MM 鐵件層架噴黑
天花板留掛畫軌

圖片提供＿璞沃空間

Example **架高地坪創造臥榻與收納抽屜**

空間坪數不大且面寬也不夠，市售大沙發無法滿足空間需求，於是設計師為空間量身訂製沙發尺寸，沙發深度 40 公分，下方架高 25 公分營造臥榻感，架高的 25 公分規劃為抽屜，讓沙發身兼收納櫃功能，收納小朋友的玩具雜物，同時簡化客廳傢具陳設，打造出有六個抽屜寬度的客製化設計。沙發坐墊靠落地窗擺放，也具有放大視覺效果。

設計細節 依據空間尺寸，設定好沙發規劃，按照深度和高度挑選合適五金，讓抽屜使用順手。

圖片提供＿璞沃空間

197

圖片提供__ FUGE GROUP 馥閣設計集團

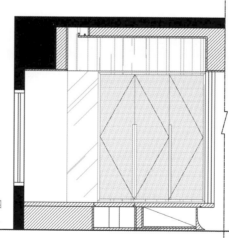

圖片提供__ FUGE GROUP 馥閣設計集團

Example **弧形轉角抽頭抽屜**

作為共度晚年生活的熟齡住宅，架高和室提供休憩泡茶用途，將其視為如同公園涼亭的生活畫面，架高高度設定 41 公分，坐下時雙腳可舒適放於地面，轉角與抽屜特別設計了弧形造型，加上地面塗布乾淨白色的 mortex 也延伸修飾抽頭，無縫隙質地創造懸浮以及如土堆般的效果。由於抽屜深度達 90 公分左右，捨棄容易故障的拍拍手，於架高地板底部設計隱藏把手，也方便拉出使用。

施工細節 弧形抽頭為木工利用木心板疊加夾板做出結構，最後再拋磨出弧度，而架高地板下好角材完成框架後，也須預留凹槽，轉角弧度同樣先以木工打底，接著再刷飾塗料。

Type 3 ▶ 特殊隱藏收納

若能將收納機能偽裝成立面、地面，即使空間佈滿收納櫃也無侷促、沉重感，像是收納式餐桌、隱藏升降桌，就是靠著五金配件，將機能藏於無形，讓空間發揮最大坪效。由此可知，在櫃體內部看似不重要的五金配件，其實攸關著櫃體開啟的流暢度及耐用程度，如品質不佳或安裝數不夠時，不僅延遲收納效率，更容易造成櫃體變形或故障導致完全無法開啟。

Example　架高榻榻米隱藏升降桌

30 年的老屋改造，格局重新微調後，把原本畸零角落，透過架高榻榻米設計打造開放式和室，符合屋主需要在家工作的需求。架高榻榻米結合升降桌功能，讓屋主可以安靜舒服地在這裡完成寫作，升降桌往下隱藏於地面時，也可以是屋主和好友談天休憩之處。

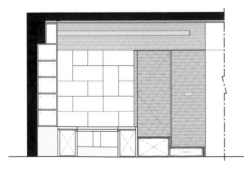

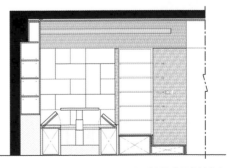

圖片提供__ FUGE GROUP 馥閣設計集團

設計細節　在木工下角料搭建地板結構時，就要先將升降五金底座鎖於原始地板結構上，五金底座的上緣再鎖於桌面下，木地板也要預留榻榻米厚度，桌面貼皮包覆後再將榻榻米置入。

彈性收納式餐桌

僅僅 11.5 坪、3 米高的微型住宅，屋主是一對即將退休的夫婦，玄關入口的其中一道量體，兼具三個面向的使用功能，包含鞋櫃、儲物櫃，其中側邊立面則是結合特殊五金設備，隱藏著一張可收納的餐桌，依據使用需求彈性調整，發揮更大的使用坪效。

設計細節　木作量體預留五金設備的尺寸開口，以及上、下兩個維修口，最後再以木皮貼飾。

圖片提供__ FUGE GROUP 馥閣設計集團

圖片提供__ FUGE GROUP 馥閣設計集團

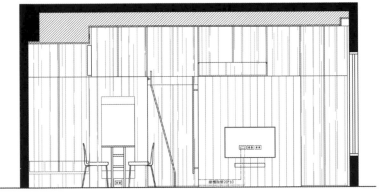

圖片提供__ FUGE GROUP
馥閣設計集團

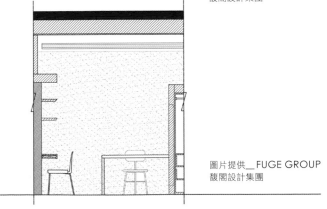

圖片提供__ FUGE GROUP
馥閣設計集團

利用現成品達成收納功用

圖片提供＿非關設計

此屋選用 VITSOE Universal 606 櫃體，可自由調整層板之間的距離，中性的造型與色調，能與各式風格空間順利融合，亦可局部採用櫃門設計，將欲收納的雜物隱匿其中。

● 運用開放式層架

電視牆的櫃體通常會結合展示功能，選用開放式層架能滿足此需求，除了放置蒐藏品，也能擺放書籍方便拿取。在挑選開放式櫃體時，可以著重於層架的靈活變動性，根據所需擺放的物品調整高度或寬度，亦可擺脫過於方正規矩的造型。而非固定式的層架，可因應使用習慣的改變進行拆卸更動，使居家收納空間得以時時貼近使用者需求。

想要提高空間的收納效能，並非只能仰賴固定式的櫃體設計，近年來靈活且機動性高的現成傢具逐漸成為熱門選項，具有設計美感的多功能傢具不僅能成為整合風格的要素，也能順應生活習慣的改變而更動。

圖片提供＿非關設計

此屋的客廳區可利用的空間較為限縮，因此翻轉鐵箱的功能性，轉而作為茶几使用，鐵箱內部可放置雜誌或毛毯，重新定義傢具的功能也能賦予空間亮點。

● 搭配現成傢具

在預算與完工時間有限的情況下，適合以現成傢具滿足空間的收納需求，量體較大的櫃體傢具可同時具備區隔空間、引導動線的效益。而在購買傢具前，可以先測量好空間尺寸，若擔心風格無法協調，不妨選用同一系列的款式，利用尺寸相異的單品進行組合，便能成功整合空間視覺的一致性。此外，亦可試著轉換與拓展傢具的功能性，或者選購本身就具備多功能的單品，例如：上掀床、收納椅凳⋯⋯等傢具。

● 活用收納籃

在懸空的大型櫃體下方,會產生帶狀的畸零空間,除了放置掃地機器人以外,也能利用收納籃來提升空間的收納效能。可依據空間的風格或主色調來選購收納籃,亦可藉由材質來烘托出風格質感,例如北歐風格空間適用木材質或者藤編款式;現代風格空間則可選用具有金屬質感或者黑白色調之單品。收納籃可依據使用需求,機動性的更換擺放位置,將雜物收納於其中亦可使空間視覺感保持俐落整潔。

在開放式電視櫃體下方,選購了與牆面壁色相近的收納籃,放置孩童的玩具與雜物,將上方櫃體完整留給書籍的擺放,將收納妥善分區可使空間看起來整齊簡約。

圖片提供__非關設計

● 設置洞洞板

近年來從北歐風格中取材的洞洞板設計蔚為風潮,常見於住家的玄關、書房……等處。洞洞板在視覺上俐落簡約,組裝的零件單純且易取得,可滿足展示與收納需求。將鑰匙、外出包或者帽子掛置於上,收納的物品項目一覽無遺,在拿取時無須翻找,提高了使用上的便利性,亦可局部於木栓放置木板,便可立即轉換為展示層架使用。

於玄關的鞋櫃櫃門上預留可插置木栓的小洞,依據使用需求調整洞洞板的可使用面積,上方可懸掛出門所需攜帶之物品,返家時亦可順手將物品收納於洞洞板上。

圖片提供__非關設計

圖片提供＿非關設計

小型的懸掛層架可作為展示櫃體使用，但若要安裝於輕隔間牆，仍須於內部鎖上鐵片，加強其結構性。

● 壁上懸掛式櫃體

在牆壁上安裝懸吊櫃體，相當於藉由立面空間的延伸，解決平面空間不足的問題，而為了顧及安全性，會建議盡量將櫃體鎖於水泥磚牆上，若要鎖於輕隔間，亦須採用輕隔間專用的螺絲來固定櫃體，才能確保其承重力。此外，若懸掛櫃體有收納雜物的需求，櫃子深度會建議選用 40 公分以上之款式，以免深度不足導致收納效能降低。

圖片提供＿非關設計

Note 📝

SOLUTION 140

住宅設計收納學：

徹底解析空間使用行為，從格局、動線、尺寸、形式突破坪數侷限

國家圖書館出版品預行編目（CIP）資料

住宅設計收納學：徹底解析空間使用行為，從格局、
動線、尺寸、形式突破坪數侷限 / 漂亮家居編輯部作
. -- 初版 . -- 臺北市：城邦文化事業股份有限公司麥浩
斯出版：英屬蓋曼群島商家庭傳媒股份有限公司城邦
分公司發行 , 2022.09
　面；　公分 . -- （Solution；140）
ISBN 978-986-408-840-9（平裝）

1.CST: 家庭佈置 2.CST: 空間設計

422.5　　　　　　　　　　　　　111011762

作者	漂亮家居編輯部
責任編輯	陳顗如
採訪編輯	王馨翎、曾家鳳、CHENG、Jessie、林琬真、蔡婷如、黃纓婷、李與真
封面＆版型設計	Sophia
美術設計	Sophia、Pearl、賴維明
活動企劃	洪擘
編輯助理	劉婕柔

發行人	何飛鵬
總經理	李淑霞
社長	林孟葦
總編輯	張麗寶
副總編輯	楊宜倩
叢書主編	許嘉芬
出版	城邦文化事業股份有限公司麥浩斯出版
地址	104 台北市中山區民生東路二段 141 號 8 樓
電話	02-2500-7578
Email	cs@myhomelife.com.tw

發行	英屬蓋曼群島商家庭傳媒股份有限公司城邦分公司
地址	104 台北市中山區民生東路二段 141 號 2 樓
讀者服務專線	0800-020-299
讀者服務傳真	02-2517-0999
Email	service@cite.com.tw
劃撥帳號	1983-3516
劃撥戶名	英屬蓋曼群島商家庭傳媒股份有限公司城邦分公司

香港發行	城邦（香港）出版集團有限公司
地址	香港灣仔駱克道 193 號東超商業中心 1 樓
電話	852-2508-6231
傳真	852-2578-9337

馬新發行	城邦（馬新）出版集團 Cite(M) Sdn.Bhd.
地址	41, Jalan Radin Anum, Bandar Baru Sri Petaling,57000 Kuala Lumpur, Malaysia
Email	services@cite.my
電話	603-9056-3833
傳真	603-9057-6622

總經銷	聯合發行股份有限公司
電話	02-2917-8022
傳真	02-2915-6275

製版印刷	凱林彩印事業股份有限公司
版次	2022 年 09 月初版一刷

定價	新台幣 550 元

Printed in Taiwan